Patrick Rohr

So meistern Sie jedes Gespräch

Mutig und souverän argumentieren – im Beruf und privat

Ein Ratgeber aus der Beobachter-Praxis

Beobachter

Der Autor

Patrick Rohr, 1968 in Glarus geboren, wechselte nach Erfahrungen im Print- und Radiojournalismus 1992 zum Schweizer Fernsehen. Dort arbeitete er während 15 Jahren als Redaktor und Moderator für verschiedene Sendungen (u. a. «Schweiz aktuell», «Arena» und «Quer»). Seit 2007 leitet er in Zürich eine eigene Firma für Kommunikationsberatung. 2008 erschien im Beobachter-Buchverlag sein Rhetorikratgeber «Reden wie ein Profi», der in Kürze zum Bestseller wurde (www.patrickrohr.ch).

Dank des Autors

Gerne möchte ich mich an dieser Stelle bei folgenden Personen bedanken, die massgeblich am Zustandekommen dieses Ratgebers mitgewirkt haben: bei Verlagsleiterin Doris Graf, die mit ihrem grossen Vertrauen und ihrer Unterstützung dieses Buch überhaupt erst möglich machte; bei meinen Teamkollegen Michael Frei, der mir half, die Grundlagen der Kommunikation aufzuarbeiten, und Mirco Baumann, der viele wertvolle Inputs lieferte und das Manuskript in einer ersten Fassung kritisch beurteilte; bei meinem Partner Simon Ming, der auch dieses Mal ein aufmerksamer und wohlwollender Erstleser des fertigen Manuskripts war; bei Illustratorin Karin Negele, die mit feinem Strich auf den Punkt gebracht hat, was ich mit vielen Worten beschrieben habe; und schliesslich bei Lektorin Christine Klingler, die mit wachem Auge, grosser Geduld und aktivem Mitdenken das Buch zu dem gemacht hat, was es ist. Merci!

Beobachter-Buchverlag

www.beobachter.ch

Herausgeber:
Der Schweizerische Beobachter, Zürich

Lektorat: Christine Klingler Lüthi
Satz: Bruno Bolliger
Illustrationen: Karin Negele
(www.illustration.li)
Cover: Krisztina Faller (Grafik),
Luxwerk Candrian/Jaggi (Bild)

ISBN 978 3 85569 424 2

Dieses Buch wurde auf chlor- und säurefreiem Papier gedruckt.

Inhaltsverzeichnis

TEIL II: GESPRÄCHE IN VERSCHIEDENEN SITUATIONEN

Vorwort

Liebe Leserin, lieber Leser

Kennen Sie das? Sie gehen aus einem Gespräch und ärgern sich: weil Ihnen die guten Antworten erst jetzt einfallen, weil nach dem Gespräch mehr Fragen offen sind als davor oder weil Sie und Ihr Gesprächspartner sich im Streit getrennt haben, obwohl es dazu herzlich wenig Anlass gab.
Das muss nicht sein. Wenn ich mit Managern, Ärztinnen, Verkäufern oder Politikerinnen Kommunikationskurse durchführe, erlebe ich immer wieder, dass souveränes Gesprächsverhalten lernbar ist. Dazu braucht es die Kenntnis der Grundregeln der Kommunikation, ein echtes Interesse am Gegenüber und die Fähigkeit, aufmerksam zuzuhören.
Dieser Ratgeber vermittelt Ihnen anhand vieler praktischer Beispiele den geschickten Umgang mit den wichtigsten Instrumenten der Gesprächsführung. Geschrieben habe ich das Buch aufgrund meiner persönlichen Erfahrung: Als Journalist hatte ich die Möglichkeit, mit Hunderten, vielleicht Tausenden von Menschen Gespräche zu führen. Manchmal waren es heitere, oft kritische – und während meiner Zeit als Moderator der Fernsehsendung «Quer» immer auch wieder schwierige, etwa über Themen wie Tod und Trauma.
Meine Erfahrungen möchte ich Ihnen gerne weitergeben, ergänzt mit den wichtigsten Erkenntnissen der Kommunikationsforschung. Mit dem Ziel, dass Sie nie mehr mit dem Gefühl aus einem Gespräch gehen müssen, es sei misslungen. Sondern über eine Handhabe verfügen, die Sie jede noch so schwierige Unterhaltung zuversichtlich anpacken lässt.
Ich wünsche Ihnen viel Spass beim Lesen – und dann natürlich vor allem angeregte Gespräche!

Patrick Rohr
Zürich, im Oktober 2009

Teil I

Grundlagen

1 Darum gehts – eine Inhaltsübersicht

Wichtigste Grundlage eines jeden Gesprächs ist das Vertrauen. Setzen Sie die Mittel der Kommunikation richtig ein, vertraut Ihnen Ihr Gegenüber schon nach kurzer Zeit. Und Sie meistern jedes Gespräch: im Berufsleben, in Verhandlungen, in emotionalen Situationen – und an Gesellschaftsanlässen.

1.1 Vertrauen als Grundlage

Wer Sie versteht und für ehrlich hält, der vertraut Ihnen. Das ermöglicht konstruktive, faire Gespräche in jeder Situation. Das Vertrauen Ihres Gegenübers gewinnen Sie mit der Wahl der richtigen Sprache, mit Ihrer Körperhaltung und durch aufmerksames Zuhören.

Wir alle führen täglich unzählige Gespräche: als Vorgesetzter, als Angestellte einer Verwaltung oder einer Behörde, als Arzt, als Pflegefachfrau, als Lehrerin am Elternabend oder als Verkäufer. Grundlage eines jeden Gesprächs ist das Vertrauen. Nur wenn Ihnen Ihr Gegenüber vertraut, ist ein partnerschaftliches und damit zielführendes Gespräch möglich.

Vielleicht denken Sie jetzt: «Vertrauen ist ja gut und recht. Nur: Entweder vertraue ich jemandem, oder ich vertraue ihm nicht.» Diese Überlegung stimmt nur bedingt. Wenn Sie einige wichtige Grundsätze der Kommunikation beachten, können Sie Vertrauen nämlich aktiv schaffen. In einem ersten Teil zeigt Ihnen dieses Buch auf, wie das geht. In den weiteren Kapiteln werden verschiedene Gesprächssituationen geschildert und analysiert.

Wir vertrauen Menschen, von denen wir den Eindruck haben, dass sie uns verstehen und ernst nehmen.

Wenn unser Gegenüber uns aufrichtig begegnet, vertrauen wir ihm. Wenn wir dagegen den Eindruck bekommen, dass unser Gesprächspartner unehrlich ist, weil zum Beispiel seine Körpersprache etwas anderes sagt als seine Worte oder weil seine Aussagen unklar und schwammig sind, werden wir misstrauisch.

Im vorliegenden Kapitel sind die wichtigsten kommunikativen Grundsätze und einige Gesprächsbeispiele in einer kleinen Übersicht aufgeführt. In Kapitel 2 kommen die Grundlagen der Vertrauensbildung zur Sprache, in den restlichen Kapiteln werden die Eigenheiten verschiedener Gesprächsformen anhand zahlreicher praktischer Beispiele näher beleuchtet.

Trau, schau, wem

Vertrauen schaffen bedeutet nicht, dem Gegenüber etwas vorzuspielen oder - schlimmer - etwas vorzutäuschen. Im Gegenteil: Wer Vertrauen schaffen will, muss authentisch sein, also echt.

Erscheint Ihnen das als Widerspruch? Das ist es nicht. Es geht in diesem Buch darum, das Bewusstsein zu schärfen. Wer weiss, was er tut und was er mit seinem Handeln auslösen kann, handelt bewusst. Bewusstes Handeln ist keine Inszenierung, sondern das gezielte Einsetzen bestimmter Mechanismen. Das schliesst authentisches Handeln nicht aus, sondern bedingt es geradezu. Wenn Mechanismen nämlich nicht begriffen, sondern nur angelernt werden, spürt dies das Gegenüber.

Dieses Buch will Ihnen dabei helfen, Verhaltensweisen bewusst zu machen und zu verinnerlichen. Und es zeigt anhand vieler praktischer Beispiele, wie Sie in verschiedenen konkreten Gesprächssituationen Vertrauen aufbauen.

Vertrauen kann man nicht vorspielen, es muss von innen kommen.

Vertrauensfaktor verständliche Sprache

Waren Sie auch schon im Elektronikfachgeschäft, um ein neues Gerät zu kaufen - und der Verkäufer hat Sie mit einem Wust von Fachausdrücken zugedeckt? So dass Sie das Gefühl hatten, Sie wüssten überhaupt nichts? Oder hat Ihnen Ihre Ärztin schon einmal eine Diagnose so mitgeteilt, dass Sie danach verwirrter waren als zuvor - weil Sie kein Wort verstanden?

Solche Situationen sind für das Vertrauen nicht förderlich. Wenn jemand so spricht, dass wir ihn oder sie nicht verstehen, fühlen wir uns unterlegen oder «klein und dumm», wie eine Bekannte von mir es einmal formulierte.

Sorgen Sie dafür, dass Ihr Gegenüber Sie versteht: Verzichten Sie auf Fachausdrücke und Fremdwörter oder übersetzen Sie sie.

Damit Ihre Gesprächspartner sich nie «klein und dumm» fühlen, ist es wichtig, dass sie Sie verstehen: Verzichten Sie auf unverständliche Ausdrücke oder erklären Sie diese unmittelbar. Verwenden Sie in Ihren Schilderungen möglichst viele - konkrete - Sprachbilder, um etwas zu beschreiben, oder machen Sie Vergleiche, damit Ihr Gegenüber nachvollziehen kann, was Sie ihm gerade erklärt haben.

→ Ausführliche Informationen zum Thema Verständlichkeit finden Sie ab Seite 38.

Vertrauensfaktoren Körpersprache und Mimik

Signalisieren Sie Offenheit und zeigen Sie das auch mit Ihrer Körpersprache. Konkret bedeutet das: Öffnen Sie Ihren Körper zur Gesprächspartnerin hin, wenden Sie sich ihr zu. Vermeiden Sie es, mit verschränkten Armen vor ihr zu stehen oder zu sitzen. Zeigen Sie auch mit Ihrer Mimik, dass Sie auf Empfang sind: Halten Sie Ihren Mund möglichst nicht verschlossen, sondern leicht geöffnet, oder – noch viel besser – lächeln Sie.

Achten Sie auf Ihre Kopfhaltung: Ist der Kopf nach hinten geneigt, könnte das Gegenüber daraus schliessen, dass Sie sich überlegen fühlen – eine schlechte Voraussetzung für ein partnerschaftliches Gespräch. Besser ist es, den Kopf leicht nach vorne oder zur Seite zu neigen, diese Haltungen signalisieren Aufmerksamkeit und Interesse. Versuchen Sie zudem, dem Gegenüber möglichst während des ganzen Gesprächs in die Augen zu schauen, das zeigt Offenheit und fördert das Vertrauen.

→ Ausführliche Informationen zum Thema Körpersprache und Mimik finden Sie ab Seite 42.

Ein freundliches Gesicht kann Wunder wirken. Dem Gegenüber in die Augen zu schauen ist unerlässlich fürs Vertrauen.

Vertrauensfaktor aktives Zuhören

Leider sagen wir Menschen nicht immer ausdrücklich das, was wir eigentlich sagen wollen, sondern wir drücken uns unklar aus, lassen es an Anspielungen und versteckten Botschaften nicht mangeln. Um unsere Freunde nicht zu enttäuschen, sagen wir beim Filmabend mit ihnen eher: «Der Film hat durchaus ein paar gelungene Momente», als direkt und unmissverständlich: «Mir gefällt der Film nicht, können wir einen anderen schauen?»

Eine der wichtigsten Anforderungen in Gesprächen ist deshalb, auch das herauszuhören, was das Gegenüber zwar nicht ausdrücklich sagt, aber in Wirklichkeit meint. Mit ein bisschen Übung und ein paar Kniffen gelingt Ihnen dies bald.

Entschlüsseln Sie die versteckten Botschaften Ihres Gegenübers.

Wenn Sie ein Gespräch führen, also für den Verlauf massgeblich verantwortlich sind, dann müssen Sie auch «aktiv zuhören». Aktives Zuhören bedingt, dass man sich für das, was der Gesprächspartner zu sagen hat, wirklich interessiert und innerlich bereit ist, darauf einzugehen. Indem Sie immer wieder Verständnisfragen stellen beziehungsweise mit eigenen Worten zusammenfassen, was Sie verstanden haben, zeigen Sie Ihrem Gesprächspartner, dass Sie ihm aufmerksam zuhören.

Keine wichtigen Gespräche zwischen Tür und Angel: Schenken Sie Ihrem Gesprächspartner volle Aufmerksamkeit und signalisieren Sie ihm, dass Sie ihn verstanden haben.

Zudem können Sie mit dem Einsatz verschiedener Fragetechniken ein Gespräch aktiv steuern. So können Sie Unklarheiten ausräumen und immer wieder aufs Ziel fokussieren. Ist eine Gesprächssituation verfahren und Ihr Gegenüber möchte nichts mehr sagen, dann können Sie auch diese Situation thematisieren. In der Fachsprache heisst dieses Vorgehen «auf die Metaebene wechseln». Sagen Sie zum Beispiel: «Ich habe den Eindruck, dass Sie über dieses Thema nicht mehr reden wollen. Warum denn nicht?» So können Sie den Dialog wieder in Gang bringen.

→ **Ausführliche Informationen zu diesen Themen finden Sie ab Seite 53 (Aktives Zuhören) und 46 (Versteckte Botschaften).**

Vertrauensfaktor Ehrlichkeit

Nichts schafft grösseres Unbehagen als das Gefühl, das Gegenüber sei nicht ehrlich oder sage nicht direkt, was es eigentlich sagen möchte. Das kann ein Gespräch oder gar eine Beziehung gänzlich zum Erliegen bringen.

Versuchen Sie deshalb in Ihren Äusserungen immer ehrlich und direkt zu sein, auch wenn das im ersten Moment zu Irritationen führen kann. Längerfristig ist dieses Vorgehen trotzdem der beste Weg, um eine vertrauensvolle Basis aufzubauen.

Reden Sie nicht um den heissen Brei herum, sagen Sie direkt und ehrlich, was Sie denken.

Wenn Sie Kritik formulieren möchten, sollten Sie diese in eine «Ich»- statt in eine «Du»-Form verpacken und Pauschalisierungen vermeiden: «Mich stört, wenn du deine Bücher herumliegen lässt» klingt anders als der Vorwurf «Immer lässt du deine Bücher herumliegen!».

Verstecken Sie sich auch nicht hinter «Man»-Formulierungen, sondern stehen Sie zu Ihrer Meinung. Sagen Sie also nicht: «Man kann bei Ihnen den Eindruck bekommen ...», sondern: «Ich habe den Eindruck, dass Sie ...» Das macht Sie für das Gegenüber greifbar und damit auch zu einer vertrauenswürdigeren Person.

→ Ausführliche Informationen zum Thema Ehrlichkeit finden Sie ab Seite 70.

1.2 Das Vertrauensmodell in verschiedenen Situationen

Richtig verhandeln will gelernt sein. Und auch Gespräche in emotionalen Situationen sind eine Herausforderung. Hier finden Sie einen Überblick über die wichtigsten Gesprächsformen.

Dieses Buch beleuchtet verschiedene Gesprächssituationen wie Verhandlungsgespräche, Verkaufsgespräche, Gespräche im Berufsleben, Arztgespräche oder Gespräche auf einer Verwaltung. Anhand konkreter Beispiele soll verdeutlicht werden, worauf Sie achten müssen, wenn Sie ein Gespräch führen. Als besondere Situationen werden ausserdem emotionale Ausbrüche und Gespräche mit möglicherweise traumatisierten Menschen näher betrachtet.

Geschickt verhandeln

Um in eine Verhandlung einzusteigen, brauchen Sie zunächst ein Ziel. Sie müssen sich darüber im Klaren sein, was Sie unbedingt erreichen möchten und wo Sie Abstriche zu machen bereit sind. Formulieren Sie für sich in der Vorbereitung also sowohl ein Maximal- wie auch ein Minimalziel.
Da es Ihnen im Verhandlungsgespräch kaum je gelingen wird, Ihr Maximalziel zu erreichen, ist es von Vorteil, wenn Sie zu einem bestimmten Zeitpunkt in gewissen Punkten nachgeben und auf Ihr Minimalziel einschwenken können. Damit signalisieren Sie Kompromissbereitschaft, was die Gegenpartei in der Regel ebenfalls zu einem Entgegenkommen veranlasst.

Bereiten Sie für ein Verhandlungsgespräch immer eine Maximalforderung vor und überlegen Sie sich, wo Sie Zugeständnisse zu machen bereit sind und wo nicht.

Durchdenken Sie vor einem Verhandlungsgespräch auch Ihre Argumente gut. Überlegen Sie, was die Gegenseite vorbringen könnte und was Sie entgegnen werden.
→ Ausführliche Informationen zum Thema Verhandlungen finden Sie ab Seite 78.

Souverän bei emotionalen Ausbrüchen

Es gibt Situationen, in denen Ihnen für den Aufbau eines Vertrauensverhältnisses nicht viel Zeit bleibt. Zu diesen Situationen gehören emotionale Ausbrüche. Kommt es zu einem solchen Ausbruch, hat sich Ihr Gesprächspartner bereits vor der eigentlichen Begegnung ein Bild von Ihnen gemacht. Allerdings kein gutes, denn er ist aus irgendeinem Grund wütend auf Sie: weil Sie in einer stehenden Kolonne auf sein Auto aufgefahren sind; weil er sich von Ihrem Geschäft über den Tisch gezogen fühlt; weil Ihr Sohn mit dem Modellflughelikopter soeben seine liebevoll gepflegte Rosenhecke beschädigt hat. Deshalb ist es in einer solchen Situation besonders wichtig, den negativen Eindruck bei Ihrem Gegenüber möglichst schnell zu korrigieren.
Stellen Sie sich vor, Sie seien Leiterin einer Pfadfindergruppe. «Ihre» Kinder vergessen sich im Spiel so sehr, dass sie über den frisch ausgesäten Rasen einer älteren Dame rennen. Diese steuert wutentbrannt auf Sie zu.
Versuchen Sie in einer solchen Situation die Ruhe zu bewahren, auch wenn das Gegenüber sehr aufgebracht ist. Es ist wichtig, dass die Rasenbesitzerin ihren Emotionen in einer ersten Phase freien Lauf lassen kann. In einer zweiten Phase sollten Sie die Gesprächsführung übernehmen und sich zuallererst entschuldigen. Versuchen Sie auch unmittelbar, den Schaden zu begrenzen, indem Sie die Kinder auffordern, das Rasenstück sofort zu verlassen. Vermutlich wird sich Ihr Gegenüber in dieser Phase bereits etwas beruhigen.
In Phase drei geht es darum, Lösungsvorschläge zu unterbreiten. Sagen Sie als Pfadfinderführerin zum Beispiel: «Ich würde mit den Kindern meiner Gruppe den Schaden gerne wieder gutmachen. Könnten wir am nächsten Mittwochnachmittag das Rasenstück gemeinsam rechen und dann den Rasen noch einmal frisch aussäen?» In der vierten und letzten Phase geht es darum, zu überprüfen, ob die angebotenen Lösungsvorschläge für beide Seiten akzeptabel sind: Ist die Besitzerin des Rasens mit der vorgeschlagenen Lösung einverstanden? Passt es ihr am Mittwochnachmittag? Können beide Fragen mit Ja beantwortet wer-

Emotionale Gespräche verlaufen in vier Phasen. Räumen Sie jeder Phase genug Zeit ein, um die verfahrene Situation zu einer für alle Beteiligten akzeptablen Lösung zu führen.

den, können Sie sich an die Arbeit machen. Andernfalls müssen Sie eine Alternative vorschlagen, zum Beispiel, dass Sie den Schaden mit einer Gruppe von Leiterinnen und Leitern beheben werden.

→ Ausführliche Informationen zum Thema Emotionale Ausbrüche finden Sie ab Seite 92.

Sicher in schwierigen Situationen

Besonderes Feingefühl verlangen Gespräche in schwierigen Situationen. Oft sind Menschen nach einem schlimmen Erlebnis traumatisiert. Zu einem Trauma führen können eine Entlassung, der Verlust eines Menschen durch Tod oder Trennung, die Nachricht, dass man nicht mehr lange zu leben hat, oder ein Angriff auf die körperliche und seelische Unversehrtheit, zum Beispiel durch einen Überfall oder auch durch eine Naturkatastrophe.

> **Traumatisierte Menschen brauchen das Gefühl, wieder über ihr Leben verfügen zu können, haben aber gleichzeitig Halt und Führung nötig.**

Diesen Situationen gemeinsam ist, dass sie für die betroffenen Menschen einen grossen Kontroll- und Vertrauensverlust bedeuten: Was einmal war, ist von einem Moment auf den anderen nicht mehr. Um die Kontrolle über ihr Leben zurückzugewinnen, brauchen traumatisierte Menschen Halt und Führung. Dadurch finden sie schrittweise zu ihrer Sicherheit zurück.

Führen Sie deshalb mit dem nötigen Fingerspitzengefühl durch das Gespräch: Stellen Sie einfache, klare Fragen, hören Sie Ihrer Gesprächspartnerin aufmerksam zu und lassen Sie ihr gleichzeitig die Möglichkeit, über ein Thema nicht zu reden. So erhält Ihr Gegenüber das Gefühl, wieder Herr beziehungsweise Herrin der Lage zu sein, spürt aber trotzdem, dass es geführt und nicht allein gelassen wird.

→ Ausführliche Informationen zum Thema Reden in schwierigen Situationen finden Sie ab Seite 104.

Sattelfest im Smalltalk

Es wirkt so einfach – und ist trotzdem für viele Menschen ein grosser Stress: das Gespräch zwischen Häppchen und Wein, der Smalltalk. Eigentlich schade, denn Smalltalk kann grossen Spass machen. Er braucht sich auch nicht nur ums Wetter zu drehen: Beim Smalltalk kann man, wenn man ihn geschickt führt, viel Spannendes über das Gegenüber erfahren. Und mit ein bisschen Übung lässt sich sogar mit Lust und Wonne über vermeintliche Tabuthemen wie Politik, Religion und Sex diskutieren.

Wenn Sie ihn richtig führen, gibt es beim Smalltalk keine Tabuthemen. Respektieren Sie aber die natürlichen Grenzen des Anstands im Gespräch mit unbekannten Menschen.

Wichtig beim Smalltalk: Respektieren Sie jederzeit die Grenzen, die das Gegenüber Ihnen setzt. Dann ist im lockeren Gespräch sehr vieles möglich – und dies erst noch stressfrei.

→ **Ausführliche Informationen zum Thema Smalltalk finden Sie ab Seite 124.**

Kompetent mit Angestellten, Mitarbeiterinnen, Chefs

Im Berufsleben spielen die meisten von uns jeden Tag verschiedene Rollen: Wir sind Kollege, Vorgesetzte, Mitarbeiter, Projektleiterin. Je nach Rolle wird sich auch ein Gespräch in unterschiedlichen Situationen unterschiedlich gestalten.

Locker unter Kollegen

Unter Kollegen sind Gespräche naturgemäss informell. Leider wird deshalb «Handfestes» wie ein aufrichtiges Lob oder eine sachlich begründete Kritik oft tunlichst vermieden – man will ja nicht als überheblich gelten und Bemerkungen machen, die einem nicht zustehen. Schade, denn gerade ein Lob von einem Kollegen kann viel bewirken: Er weiss, wovon er spricht, da er die Ansprüche an den Job kennt. Genau gleich verhält es sich mit der Kritik: Wird diese als aufbauendes Feedback geäussert, in dem zuerst das Positive, dann das weniger Gelungene zur Sprache kommt, sind Kolleginnen und Kollegen im Normalfall durchaus bereit, sie anzunehmen.

Projektleiterin: Vorgesetzte und Teamkollegin in einem

Eine neue Rolle nehmen Sie ein, wenn Ihnen die Leitung eines Projekts anvertraut wird. Kollegen, die Ihnen normalerweise gleichgestellt sind, arbeiten nun möglicherweise unter Ihrer Führung. In der Funktion als Projektleiter müssen Sie auch Sitzungen leiten. Bereiten Sie diese gut vor, damit Ihre Kolleginnen und Kollegen nicht das Gefühl bekommen, wertvolle Arbeitszeit verplaudert zu haben.

Wohlüberlegt im Gespräch mit dem Chef

Den Chef auf eine Schwierigkeit anzusprechen, Rat einzuholen oder mehr Lohn zu fordern braucht manchmal etwas Mut. Bereiten Sie sich gut vor, und geben Sie Ihrem

Vorgesetzten die Chance, das ebenfalls zu tun, indem Sie ihn frühzeitig um einen Gesprächstermin bitten. Überlegen Sie sich vor einer Lohnverhandlung, welches Ihre konkreten Vorstellungen und die überzeugendsten Argumente sind. Für den Fall, dass es nicht klappt: Halten Sie Alternativen bereit.

Offen als Vorgesetzte

Seien Sie sich als Vorgesetzte im Gespräch mit Ihren Mitarbeiterinnen und Mitarbeitern Ihrer Rolle stets bewusst. Die Tatsache, dass Sie theoretisch die Macht haben, Ihren Gesprächspartner zu entlassen, kann zum Beispiel dazu führen, dass er in seinen Äusserungen nicht ganz ehrlich ist – lieber sagt er, er fühle sich wohl im Betrieb, als fürchten zu müssen, dass er für eine kritische Bemerkung über das Arbeitsklima oder Ihren Führungsstil in irgendeiner Form büssen muss.

Als vorgesetzte Person sind Sie in einer Machtposition. Das führt dazu, dass Gespräche mit Mitarbeitenden in der Regel weniger entspannt sind als Gespräche unter Kolleginnen und Kollegen.

Diese Voraussetzungen stellen höchste Ansprüche an Ihre Gesprächsführung: Idealerweise sind Sie eine gute Zuhörerin, besitzen Einfühlungsvermögen und sind in Sachen Gesprächsführung, Offenheit und Klarheit ein Vorbild. Mit ein bisschen Übung ist das kein Problem.

Wenn Sie dann noch das richtige Mass an Lob und Kritik finden, wenn Sie Entscheidungsfreude und Durchsetzungskraft mit einer transparenten Kommunikation kombinieren und zudem offen sind für kritisches Feedback von Mitarbeitenden, steht einem gelösten und trotzdem konzentrierten Klima in Ihrem Team oder Betrieb nichts im Wege.

→ **Ausführliche Informationen zum Thema Kommunikation im Berufsleben finden Sie ab Seite 138.**

Erfolgreich im Verkauf

In diesem Kapitel geht es einerseits um den Verkauf in einem Fachgeschäft und andererseits um die Beratung und den Verkauf im Finanz- und Versicherungsbereich. Beide Situationen bedingen, dass Sie als Verkäuferin die Bedürfnisse Ihrer Kundinnen und Kunden ernst nehmen und dass Sie komplexe Sachverhalte auf verständliche Weise erklären können.

Im Detailhandel

Beim Verkaufsgespräch im Detailhandel haben Sie nicht lange Zeit, ein Vertrauensverhältnis zu Ihrem Kunden aufzubauen. Er entscheidet innerhalb der ersten Sekunden, nachdem er Ihnen begegnet ist, ob er Ihnen etwas abkaufen möchte oder nicht.

Versuchen Sie im Gespräch herauszufinden, was für ein Bedürfnis der Kunde hat. Nehmen Sie dieses Bedürfnis ernst und schwatzen Sie Ihrem Kunden nichts auf.

Deshalb ist ausschlaggebend, wie Sie Ihren Kunden empfangen: Ist Ihre Körperhaltung offen, die Mimik freundlich? Versuchen Sie nach einem ersten Gruss so unaufdringlich wie möglich herauszufinden, ob der Kunde Ihre Beratung wünscht oder ob er sich lieber erst umsieht. Entscheidet er sich für eine Beratung, müssen Sie herausfinden, welche Bedürfnisse und finanziellen Möglichkeiten er hat. Das gelingt Ihnen problemlos, wenn Sie das Gespräch aktiv führen und eine geschickte Fragetechnik anwenden. Hören Sie gut zu – und achten Sie vor allem auch auf das, was der Kunde nicht ausdrücklich erwähnt. Kaum jemand wird Ihnen zum Beispiel direkt sagen, dass er nicht viel Geld zur Verfügung hat. Es ist an Ihnen, das herauszuhören und Ihre Empfehlung entsprechend anzupassen.

Achten Sie ferner darauf, welche «Sprache» der Kunde spricht: Können Sie mit ihm ein Fachgespräch führen, in dem Sie die entsprechenden Fachausdrücke verwenden – oder müssen Sie sich seinem Wissensstand anpassen? Wenn er Sie versteht, dann vertraut er Ihnen. Und ein Kunde, der Ihnen vertraut, wird gerne wiederkommen und Sie oder Ihr Geschäft weiterempfehlen. Eine langfristige Vertrauensbasis ist mehr wert als der kurzfristige Verkaufserfolg.

→ Ausführliche Informationen zum Thema Verkauf im Detailhandel finden Sie ab Seite 188.

Finanz- und Versicherungsprodukte verkaufen

«Wer bei der Bank oder bei einer Versicherung arbeitet, der will doch nur eine möglichst grosse Provision einstreichen» – so lautet ein gängiges Vorurteil. Leider trägt die Branche durch ein unsorgfältiges kommunikatives Verhalten immer wieder dazu bei, dass dieses Vorurteil zementiert wird. Mit einer fairen und transparenten Kommunikation können Sie diesem Misstrauen entgegenwirken.

Entwickelt sich beispielsweise eine Anlage nicht so erfolgreich wie vom Berater vielleicht wortreich beschworen, so haben Bankkunden schnell einmal das Gefühl, sie seien nicht offen über Risiken und Gefahren aufgeklärt worden. Die Bank wird sich vermutlich auf den Standpunkt stellen, die Kunden vollumfänglich informiert zu haben, was vielleicht sogar stimmt. Nur ist es sehr gut möglich, dass diese die «vollumfängliche Information» nicht verstanden haben, weil sie entweder in verschleiernde Wörter verpackt oder in ihrer Komplexität schlicht unverständlich war.

Sprechen Sie mit Ihren Kunden und Kundinnen eine ehrliche, transparente Sprache. Weisen Sie in verständlichen Worten auf sämtliche Risiken hin, das schafft Vertrauen. Übersetzen Sie Fachbegriffe in eine allgemein verständliche Sprache.

Ob Sie nun ein Banken- oder ein Versicherungsprodukt verkaufen: Eine faire Kommunikation birgt zwar die Gefahr, dass ein Risiko zu gross scheint und der Kunde auf das entsprechende Produkt verzichtet. Dafür nimmt er Sie als ehrlichen Fachmann, als ehrliche Fachfrau wahr und vertraut Ihnen. Das ist im Endeffekt mehr wert als ein kurzfristiger Profit, weil der Kunde Ihnen und Ihrem Institut treu bleibt.

→ **Ausführliche Informationen zum Thema Verkaufen von Bank- und Versicherungsprodukten finden Sie ab Seite 199.**

Verständnisvoll im Verwaltungs- und Behördengespräch

Die wichtigste Voraussetzung, wenn Sie auf einer Verwaltung arbeiten: Seien Sie sich bewusst, dass zwischen Ihnen und Ihren Kundinnen und Kunden ein Machtgefälle besteht. Für Ihre Kundschaft repräsentieren Sie «den Staat» – und dem Staat misstrauen viele Menschen ganz grundsätzlich. Aus der Sicht Ihrer Gesprächspartnerin sitzen Sie immer «am längeren Hebel». Sie haben das Gesetz im Rücken und allenfalls einen gewissen persönlichen Ermessensspielraum. Das gibt Ihnen Macht – und macht den Bürger, die Bürgerin ohnmächtig: Sie erteilen Bewilligungen, Sie entdecken den Fehler in der Rechnungsführung, Sie entscheiden über eine Busse oder einen Eintrag in ein Register. Kommt dazu, dass Sie als Fachmann und Fachfrau von einem Gebiet sehr viel wissen, von dem Ihre Kundschaft möglicherweise keine Ahnung

Als Angestellte einer Behörde haben Sie automatisch eine Machtposition. Bauen Sie diese Hürde zwischen Ihnen und den Bürgerinnen und Bürgern ab, indem Sie besonders sorgfältig eine Vertrauensbasis schaffen.

hat – in Steuerfragen zum Beispiel. Das gibt dem Bürger gerade noch einmal das Gefühl der Unterlegenheit.

Aus diesen Gründen sind Gespräche zwischen Ihnen als Angestellter einer Verwaltung oder einer Behörde und Ihren Kundinnen und Kunden oft von einem grundsätzlichen Misstrauen geprägt. Versuchen Sie das nicht persönlich zu nehmen, schreiben Sie es Ihrer Rolle zu – seien Sie aber gleichzeitig bemüht, Ihrem Gegenüber das nötige Vertrauen zu geben. Das schaffen Sie, wenn Sie sich auf jeden Kunden einzeln einstellen und sich in ihn und seine Situation einfühlen: hier der «kleine» Bürger, da der «mächtige» Staat.

Eine Gruppe Verwaltungsangestellter sagte mir einmal in einem Kurs, die Leute, mit denen sie es zu tun hätten, seien «dumm», «arrogant» und hätten «keine Ahnung». Eine solche Haltung ist einem vertrauensvollen Gespräch nicht eben zuträglich. Der Kunde begreift möglicherweise einfach die komplexen steuertechnischen Abläufe nicht, die Sie bestens kennen, und er versteht auch die Ausdrücke nicht, die für Sie selbstverständlich sind.

Sprechen Sie deshalb eine einfache Sprache, bringen Sie Beispiele aus dem Erlebnisbereich des Kunden, machen Sie Vergleiche – das schafft zwischen Ihnen und Ihrer Gesprächspartnerin ein Vertrauensverhältnis. Erklären Sie so lange, bis sie die Sachlage verstanden hat, so fühlt sie sich ernst genommen. Und schliesslich: Achten Sie auf Ihren Tonfall und Ihre Wortwahl – aus den oben genannten Gründen sind viele Menschen im Umgang mit Behörden besonders sensibel und interpretieren eine beiläufige Bemerkung schnell einmal als arrogant oder überheblich.

Versuchen Sie sich in die Bürgerin einzufühlen: Sie weiss von Ihrem Fachgebiet wenig oder nichts und ist auch mit den entsprechenden Fachausdrücken nicht vertraut.

→ Ausführliche Informationen zum Thema Gespräche als Angestellte in Verwaltung und Behörden finden Sie ab Seite 202.

Respektvoll im Gesundheitsbereich

Sind Sie Ärztin oder arbeiten Sie in einem Pflegeberuf? Denken Sie daran: Wer sich Ihnen anvertraut, der vertraut Ihnen sein Leben an. Er liefert sich Ihnen aus und zeigt sich Ihnen so bloss wie sonst wohl keinem Menschen. Das stellt an Ihre Kommunikationsfähigkeit allerhöchste Anforderungen: Nichts Schlimmeres, als den Arzt nicht zu verstehen und sich mit seinen Ängsten alleingelassen zu fühlen! Nichts Schlimmeres, als das Gefühl zu haben, die Pflegefachfrau lache einen aus!

> **Gehen Sie davon aus, dass Ihre Patientinnen und Patienten den Begriff «Rektalmessung» nicht verstehen und «die Lunge in Saal 3» als zynisch empfinden. Passen Sie deshalb in Anwesenheit von Patientinnen und Patienten Ihre Sprache an.**

Die Kommunikation mit Patientinnen und Patienten ist komplex: Sie müssen - nur schon der hohen Gesundheitskosten wegen - immer auf die Uhr schauen, Sie müssen gleichzeitig sehr aufmerksam zuhören, müssen vor allem auch heraushören, was der Patient nicht sagt, müssen ehrlich, aber trotzdem feinfühlig sein - und Sie müssen zu guter Letzt auch auf sich selber achten, damit Ihnen die vielen emotionalen Situationen, mit denen Sie sich tagtäglich auseinandersetzen, nicht zu sehr nahegehen. Die Aufgabe ist aber nicht unlösbar: Durch eine geschickte Gesprächsführung und das nötige Einfühlungsvermögen wird Ihnen das problemlos gelingen.

Dazu gehört, dass Sie im Gespräch mit Patienten auf die medizinische Sprache, die für Laien voller unverständlicher Fremdwörter ist, verzichten. Ein Satz wie: «Wir führen bei Ihnen jetzt eine Rektalmessung durch» löst bei der Patientin wohl eher einen leichten Schauer aus, als dass er Vertrauen schafft. Sagen Sie besser, wie es die Patientin auch sagen würde: «Wir nehmen Ihre Temperatur am Hintern.»
→ Ausführliche Informationen zum Thema Gespräche in medizinischen Berufen finden Sie ab Seite 222.

Und jetzt viel Spass beim Lesen in diesem Buch. Schmökern Sie zwischendurch auch in den Kapiteln, die Sie auf den ersten Blick nicht betreffen - Sie werden auch dort Tipps entdecken, die Sie auf Ihre Kommunikationssituation übertragen können.

2 Vertrauen ist das A und O

Eine klare Sprache, Blickkontakt, echtes Interesse und ein offenes Ohr: Mit diesen einfachen Mitteln der Kommunikation gewinnen Sie das Vertrauen Ihres Gegenübers – die wichtigste Grundlage für jedes gute Gespräch.

2.1 Kann man Vertrauen «schaffen»?

Vertrauen lässt sich nicht herbeizwingen. Doch wenn Sie die Spielregeln der Kommunikation kennen, können Sie in jedem Gespräch in kurzer Zeit die nötige Vertrauensbasis aufbauen.

Es gibt Menschen, denen die anderen «nur schon vom Typ her» fast blind vertrauen: dem alten weisen Mann zum Beispiel, der mit seinen schlohweissen Haaren, dem langen Bart und der Pfeife im Mundwinkel im Schaukelstuhl sitzt und seinen Gesprächspartnern aufmerksam zuhört. Nun entsprechen wir aber natürlich nicht alle dem Typ des weisen Alten. Das heisst, wir müssen uns das Vertrauen der Mitmenschen immer und immer wieder aufs Neue erarbeiten. Oft bleibt uns dafür nicht viel Zeit, manchmal gar nur ein paar Sekunden oder Minuten – in einer emotionalen Situation zum Beispiel oder in einem Verkaufsgespräch. Es ist deshalb wichtig, dass wir die Mittel der Kommunikation kennen und sie gezielt einsetzen, damit wir in einem Gespräch mit einem anderen Menschen in kurzer Zeit dessen Vertrauen gewinnen. Nur so ist ein zielführendes und für beide Seiten befriedigendes Gespräch möglich.

Kein Vertrauen – kein Erfolg

Ganz gleich, warum Sie mit anderen Menschen reden (müssen): Ob das Gespräch erfolgreich verläuft, hängt allein davon ab, ob Ihnen Ihr Gegenüber vertraut oder nicht. Wenn der Arzt es nicht schafft, seiner Patientin die Diagnose und deren Bedeutung verständlich zu erklären, hat er ihr Vertrauen im Nu verloren. Das Gleiche gilt für die Verwaltungsangestellte, die nicht realisiert, dass der Kunde am Schalter sich mit seinem Problem unverstanden fühlt. Und wenn die Kundin in einem Geschäft denkt, dass der Verkäufer ihr ein Produkt nur andrehen will, weil sein Tagesumsatz noch nicht erreicht ist, dann wird sie so schnell nicht wiederkommen. Diese drei Beispiele zeigen, wie entscheidend es im alltäglichen Umgang mit Menschen ist, dass diese Ihnen vertrauen. Fühlt sich jemand nicht ernst genommen, zu wenig wertgeschätzt oder missverstanden, dann lässt sich Vertrauen kaum aufbauen. Es muss Ihnen deshalb immer wieder aufs Neue gelingen, in kurzer Zeit ein vertrauensvolles Verhältnis zu Ihren Gesprächspartnern zu etablieren.

Wem vertrauen wir?

Überlegen Sie sich zunächst: Welche Personen, die Sie nicht persönlich kennen, geniessen Ihr Vertrauen? Stellen Sie sich zum Beispiel einen Politiker oder eine Politikerin vor. Oder die Verkäuferin im Sportgeschäft. Versuchen Sie dann herauszufinden, wem Sie warum vertrauen - und was diese Menschen gemeinsam haben.
Um es auf den Punkt zu bringen: Wir vertrauen Menschen, die den Eindruck vermitteln, dass sie ehrlich und echt sind, dass sie uns und unsere Bedürfnisse verstehen und ernst nehmen - und die zudem eine Sprache sprechen, die wir verstehen. Ich schreibe bewusst: «den Eindruck vermitteln» - ob diese Wahrnehmung stimmt, können wir zu Beginn einer Beziehung nicht überprüfen. Doch vertrauen Sie Ihrem Gefühl, meistens stimmt Ihr erster Eindruck.

Wir schenken jenen Menschen unser Vertrauen, die ehrlich wirken, die uns verstehen und unsere Anliegen ernst nehmen.

Was bedeutet das nun für Sie und Ihre Gespräche? Ganz einfach: Zeigen Sie in jedem Gespräch mit einer anderen Person, dass Sie sie verstehen und ihre Bedürfnisse ernst nehmen. Das ist leichter gesagt als getan, dessen bin ich mir bewusst. Es wird Ihnen aber problemlos gelingen, wenn Sie einige Grundsätze der zwischenmenschlichen Kommunikation beachten.

2.2 Glaubwürdig durch Verständlichkeit

Die Sprache, die Sie sprechen, hat einen grossen Einfluss darauf, ob Ihnen Ihr Gegenüber vertraut. Komplizierte Wendungen und Fachausdrücke ohne Ende sind der Vertrauensbildung abträglich. Eine klare, einfache Ausdrucksweise hingegen macht Sie glaubwürdig.

Sprechen Sie – auch wenn Sie beruflich mit jemandem ein Gespräch führen – jederzeit die Sprache, die Sie auch im privaten Bereich sprechen. Das heisst: Versuchen Sie nicht, eine besonders korrekte, möglicherweise gestelzte Sprache zu benutzen, nur um ernst genommen oder als kompetent angeschaut zu werden. Je einfacher und direkter Ihre Sprache ist, desto mehr vertraut man Ihnen.

Denken Sie nur daran, wie Sie reagieren, wenn am Radio ein Professor einen komplizierten Sachverhalt erklärt und Sie sofort begreifen, was er meint: «Der gefällt mir, den verstehe ich!», werden Sie sagen. Genau gleich wird es Ihnen ergehen, wenn die Tagesschau-Moderatorin ein technisches Thema so erläutert, dass Sie, ohne nachzudenken, verstehen, worüber sie spricht. Indem sie den Sachverhalt mit konkreten Beispielen, einfachen Bildern und möglicherweise sogar mit kurzen Geschichten schildert, werden auch alle, die nicht den gleichen Wissensstand haben, sie problemlos verstehen. Diese Menschen wirken auf uns glaubwürdig.

Eine klare, verständliche Sprache ist der Schlüssel zum Vertrauen. Wen man versteht, dem vertraut man.

Keine Fremdwörter, keine Fachsprache

Zu einer einfachen und klaren Sprache gehört, dass Sie im Gespräch möglichst keine Fremdwörter verwenden und nicht in einer Fachsprache reden (es sei denn, Ihr Gegenüber sei im gleichen Bereich tätig). Wenn

ARZTSPRACHE MARKE UNVERSTÄNDLICH

«Dieser Arzt war eine Zumutung!», ereiferte sich eine Bekannte kürzlich, «er schaffte es nicht, mir zu erklären, was mir genau fehlt. Ich habe ihn bis zuletzt nicht verstanden. Jetzt gehe ich nicht mehr zu ihm, mir reicht es.» Dieses Beispiel ist typisch für ein gebrochenes Vertrauensverhältnis. Wenn die Patientin den Ausführungen des Arztes nicht folgen kann, schafft dies grösstes Misstrauen. Die Patientin fragt sich zum Beispiel: «Warum redet er so, dass ich ihn nicht verstehe? Will er mir womöglich nicht die ganze Wahrheit sagen? Denkt er, ich erschrecke weniger, wenn ich nicht genau verstehe, was ich habe?»
Reden Sie als Arzt deshalb Klartext – auch wenn die Diagnose eine Herausforderung darstellt (mehr dazu auf Seite 230).

Sie es nicht schaffen, eine allgemein verständliche Sprache zu benutzen, wird man Ihnen misstrauen.
Reden Sie also beispielsweise als Arzt in einer Sprache, die Ihre Patientinnen und Patienten verstehen. Wenn Sie Ihrem fettleibigen Patienten erklären: «Adipöse Patienten haben, verglichen mit nicht adipösen Personen, leider ein erhöhtes Risiko für postoperative Komplikationen, selbst nach elektiven Operationen», wird er Sie nicht verstehen, und sein Vertrauen zu Ihnen wird Schaden nehmen. Er kennt vielleicht den Begriff «adipös» (fettleibig), hört aber daneben wahrscheinlich nur noch das Wort «Risiko» heraus, während der Rest für ihn unverständlich ist. Sagen Sie deshalb besser: «Bei fettleibigen Menschen ist die Wahrscheinlichkeit grösser, dass es nach einer Operation zu Komplikationen kommt, selbst bei einer Wahloperation.»

Verzichten Sie im Gespräch mit anderen Menschen auf Fachbegriffe und Fremdwörter. Wenn es nicht ohne geht, erklären und «übersetzen» Sie sie.

«Jeden einzelnen Fachbegriff erklären – das kann und will ich nicht», sagte einmal eine junge Ärztin in einem Kurs, den ich leitete. «Es kostet mich zu viel Aufwand, immer alles zu übersetzen. Ein bisschen etwas darf man von den Patienten auch verlangen, und ausserdem sind sie heute bestens informiert mit all den Gesundheitsmagazinen. Wenn ein Patient etwas nicht versteht, kann er ja fragen.» Ich sagte der Ärztin, dass ein Patient leider nur in den seltensten Fällen nachfragt – einerseits, weil er zu häufig unterbrechen müsste, und andrerseits, weil er sich keine Blösse geben oder die wertvolle Zeit des Arztes nicht ungebührlich beanspruchen will. «Nehmen Sie den Aufwand auf sich», riet ich der Ärztin, «für ein langfristiges Vertrauensverhältnis mit Ihren Patienten lohnt es sich.»

Aha-Effekte dank Sprachbildern und Beispielen

Der Schlüssel zu einer verständlichen Sprache liegt in Sprachbildern und Beispielen, die schwierige Begriffe sofort verständlich machen. Erklären Sie also einen abstrakten Ausdruck oder einen Fachbegriff mit einem konkreten Beispiel oder einem Bild, oder machen Sie einen Vergleich.

Wenn Sie mit Beispielen oder Vergleichen beschreiben, was Sie sagen wollen, vertraut man Ihnen: Sie scheinen verstanden zu haben, wovon Sie sprechen.

Ein Bankkunde kann sich beispielsweise kaum vorstellen, was die Vorteile eines Nachhaltigkeitsfonds sind, wenn der Fondsmanager sie so erklärt: «Für unseren Nachhaltigkeitsfonds investieren wir in Firmen, die ökologisch, sozial und ökonomisch nachhaltig arbeiten.» Die Fremdwörter klingen abstrakt und lösen beim Kunden nichts aus. Wenn Sie ihn davon überzeugen wollen, in Nachhaltigkeitsfonds zu investieren, muss es Ihnen gelingen, seine Emotionen zu wecken. Das schaffen Sie nur mit einer konkreten, bildhaften Sprache, die seine Phantasie in Gang setzt. Abstrakte Begriffe dagegen werden ihn ratlos zurücklassen. Besser wäre es also, Sie würden die Fremdwörter übersetzen und jeweils mit einem oder mehreren Beispielen erläutern, damit sich Ihr Gegenüber im wahrsten Sinn des Wortes ein Bild machen kann: «Für unsere Nachhaltigkeitsfonds investieren wir in Fir-

ÜBUNG: LISTE BERUFSSPEZIFISCHER WÖRTER

Legen Sie eine Liste mit Fachbegriffen aus Ihrer beruflichen Tätigkeit an, die für aussenstehende Personen, zum Beispiel Ihre Kundinnen und Kunden, nicht ohne weiteres verständlich sind. Versuchen Sie, die Ausdrücke zu «übersetzen» oder mit einem Bild, einem Beispiel oder einem Vergleich zu erklären. Das schärft Ihr Bewusstsein für heikle Wörter, und Sie sind erst noch optimal auf die nächste Begegnung mit Ihren Kundinnen und Kunden vorbereitet.

LEBENSNAH

Der Erfolg des amerikanischen Präsidenten Barack Obama beruht nicht zuletzt auf seiner Sprache. Er verwendet Beispiele und Bilder und erzählt Geschichten. In der Rede unmittelbar nach seiner Wahl zum Beispiel jene der 106 Jahre alten Ann Nixon Cooper, die er «vor kurzem getroffen hatte». Anhand ihres langen Lebens legte er die Geschichte der Schwarzen in den USA beispielhaft dar. So schafft Barack Obama Vertrauen, die Wählerinnen und Wähler fühlen sich ernst genommen, ihr Präsident spricht eine Sprache, die sie verstehen.

men, die umweltbewusst handeln, indem sie zum Beispiel keine Giftstoffe ins Abwasser fliessen lassen. Die Unternehmen müssen aber auch sozial nachhaltig sein: Frauen sind den Männern gleichgestellt, Kinderarbeit ist nicht erlaubt. Und schliesslich muss die Firma auch wirtschaftlich verantwortungsvoll arbeiten und darauf verzichten, mit riskanten Anlagegeschäften kurzfristig Gewinn zu machen.»

Ein weiteres Beispiel: Wenn Sie als Versicherungsberater mit einem angehenden Rentner in einem Gespräch über seine Pensionskasse vom «Umwandlungssatz» reden, wird er Sie kaum verstehen. Sie sollten diesen technischen Begriff nur verwenden, wenn Sie ihn direkt «übersetzen» und mit einem Beispiel illustrieren: «Der Umwandlungssatz zeigt an, wie viel Prozent Ihres Kapitals Ihnen jedes Jahr als Rente ausbezahlt wird. Nehmen wir an, Sie haben ein gespartes Kapital von einer Million Franken und der Umwandlungssatz beträgt 5 Prozent. Dann werden Ihnen jährlich 50 000 Franken ausbezahlt.»

Alles, was wir uns konkret vorstellen können, was wir also gleichsam vor unserem «geistigen Auge» sehen, können wir besser verstehen und behalten. Versuchen Sie deshalb immer, Bilder, Beispiele oder sogar kleine Geschichten einzuflechten.

2.3 Die Signale der Körpersprache

Stimmt das, was jemand sagt, mit der Art überein, wie er es sagt? Diese Frage ist zentral, wenn es ums Vertrauen geht. Die sogenannte nonverbale Kommunikation – also alles, was ohne Worte gesagt wird – muss mit den gesprochenen Worten deckungsgleich sein, sonst macht sich Misstrauen breit.

Die Verkäuferin, die leicht abgedreht hinter dem Tresen steht, gelangweilt Staubfusel von einem Tablar entfernt und mit halb zum Kunden gewandtem Kopf fragt: «Was möchten Sie?» – diese Verkäuferin weckt kein Vertrauen. Vermutlich möchte der Kunde das Geschäft am liebsten wieder verlassen – ein schlechter Start in die Beziehung, die die Verkäuferin mit ihm für die kurze Zeit eines Verkaufsgesprächs aufbauen muss.

DER ERSTE EINDRUCK ZÄHLT

Wenn wir einer Person zum ersten Mal begegnen, machen wir uns in Sekundenschnelle ein Bild von ihr. Dieses Bild brennt sich bei uns ein und hat so lange Gültigkeit, bis man uns vom Gegenteil überzeugt. Deshalb ist es besser, wenn Sie beim Gegenüber von Anfang an Sympathie wecken. Gerade wenn Sie Ihren Gesprächspartner von etwas überzeugen oder ihm etwas verkaufen wollen, wird das Gespräch möglicherweise sehr mühselig, wenn Sie ihm auf Anhieb unsympathisch sind. Diesen Eindruck zu korrigieren braucht seine Zeit – und die haben Sie vermutlich nicht.

Beobachten Sie einmal sich selber, wenn Sie jemandem – zum Beispiel in einer Bar, in einem Geschäft oder an einer geschäftlichen Besprechung – zum ersten Mal begegnen: Sie werden in Sekundenschnelle wissen, ob Ihnen dieser Mensch passt oder nicht. Einen grossen Einfluss auf diese Entscheidung haben seine Körperhaltung, seine Armstellung, sein Händedruck, seine Mimik und sein Blick.

Der Körper spricht eine eigene, von Ihren Worten unabhängige Sprache. Achten Sie darauf, dass die mündliche Sprache und die des Körpers dasselbe sagen.

Mit ihrer Körperhaltung und dem eher gelangweilten Unterton in ihrer Stimme sagt die Verkäuferin nonverbal: «Ich habe heute keine Lust, meinen Job zu machen; am liebsten wäre es mir, es kämen keine Kunden.» Nachvollziehbar, dass der Kunde sich unter diesen Umständen nicht sehr willkommen fühlt und der Verkäuferin lieber nichts abkaufen würde.
Idealer ist es, wenn die Verkäuferin ihren Körper zum Kunden hin öffnet. So signalisiert sie die Bereitschaft, mit ihm in eine Beziehung zu treten. Sie sagt körpersprachlich: «Ich habe nichts zu verstecken, ich bin offen für das, was du möchtest - bitte sag mir, was es ist.»

Mit Armen und Händen Offenheit signalisieren

Ihre Offenheit können Sie mit der passenden Armhaltung unterstreichen. Wenn Sie mit verschränkten Armen vor Ihrem Gesprächspartner stehen oder sitzen, bauen Sie gleichsam eine Mauer zwischen sich und ihm auf. Sie signalisieren: «Ich habe keine Lust, mit dir zu reden, lass mich in Ruhe.» Oder: «Ich misstraue dir und lasse zunächst einmal nichts von dem, was du sagst, an mich herankommen.»
Um eine ideale, vertrauensvolle Gesprächsatmosphäre zu schaffen, müssen Sie zunächst Ihren «Schutzwall» einreissen. Das heisst: Öffnen Sie Ihre Arme und Hände, lassen Sie sie an Ihrem Körper herunterhängen oder bewegen Sie sie beim Sprechen, ganz wie Ihnen der Sinn steht. Damit

SCHLAFF ODER FEST?
DER HÄNDEDRUCK

Zur Politik der offenen Hände, um es einmal so zu beschreiben, gehört in unserem westlichen Kulturkreis auch der Händedruck. Wir strecken dem Gegenüber die offene, ihm zugewandte Handinnenfläche entgegen und bieten ihm an, diese Hand «zu nehmen». Wichtig ist, dass darauf ein fester Händedruck folgt. Menschen, die die Hand ihres Gegenübers nur wenig oder gar nicht drücken, hinterlassen einen eigenartigen ersten Eindruck. Typische spontane Gedanken sind: «Was für eine schleimige Person!» oder «Was ist das für ein Schwächling, der kann nicht einmal eine Hand richtig drücken!» Mit solchen Personen können wir nur schwer ein vertrauensvolles Verhältnis aufbauen.

zeigen Sie dem Gegenüber: «Du bist mir willkommen, ich brauche mich vor dir nicht zu verschliessen.»

Offene Arme und Hände zeigen dem Gegenüber: «Ich öffne mich dir, ich habe vor dir nichts zu verstecken.»

Stehen Sie mit der anderen Person in einer Verhandlung, lohnt es sich auch, die Hände ihr gegenüber zu öffnen. Eine offene Hand sagt: «Ich kämpfe mit blosser Hand, ohne versteckte Waffe - vertraue mir.» Geschlossene Hände symbolisieren gleichsam die geballte Faust und werden daher unbewusst als «Kampfansage» wahrgenommen.

Freundliche Mimik

Es mag banal klingen, doch ein Lächeln auf dem Gesicht wirkt Wunder - egal, in was für einem Gespräch Sie sich befinden. Ein Lächeln ist im wahrsten Sinn des Wortes ansteckend. Beobachten Sie sich und Ihre Umgebung einmal aufmerksam: Wenn Ihnen ein Mensch entgegenkommt, der lächelt, tun Sie es ihm automatisch nach. Eine freundliche, offene Mimik kann in einem Gespräch viel bewirken.

Wichtig: Das Lächeln muss echt sein, denn wir sehen sofort, wenn es aufgesetzt oder gespielt ist. In diesem Fall misstrauen wir dem Gegenüber - zu Recht - sehr schnell: «Der lächelt nur, weil er etwas von mir will - ich traue ihm nicht», sagen wir uns dann.

Ein Lächeln kann Wunder wirken. Aber lächeln Sie echt, ein künstliches Lächeln wird von Ihrem Gegenüber durchschaut und schafft Misstrauen.

Ein echtes Lächeln kommt von innen und hat viel mit Ihrer Grundhaltung anderen Menschen gegenüber zu tun. Versuchen Sie, sich bei jedem Kontakt aufs Neue positiv auf das Gegenüber einzustellen, dann strahlen Sie das auch aus. Umgekehrt sieht man Ihnen auch Misstrauen, Ängstlichkeit, Menschenscheu und anderes an - achten Sie deshalb immer wieder ganz bewusst auf Ihre innere Haltung.
Wichtig ist auch, dass Ihre Mimik immer Ihre Worte unterstützt. Wenn Sie sagen: «Ich freue mich, dass Sie hier sind», und dabei Ihre Mundwinkel nach unten ziehen, dann schafft das bei Ihrem Gegenüber Misstrauen. «Der freut sich gar nicht», wird die andere Person denken und von Beginn an

ÜBUNG: SO TRAINIEREN SIE IHR LÄCHELN

Oft ist uns gar nicht bewusst, mit was für einem Gesichtsausdruck wir anderen Menschen gegenübertreten. Manchmal wirken wir griesgrämig, obwohl wir es gar nicht sind, oder wir machen einen nachdenklichen Eindruck, obwohl wir selber das Gefühl haben, gelöst und fröhlich zu sein. Versuchen Sie deshalb einmal, Ihre Gesichtsmuskulatur bewusst wahrzunehmen, zum Beispiel indem Sie vor dem Spiegel ausprobieren, wie sich verschiedene Gesichtsausdrücke anfühlen. Mit etwas Übung merken Sie immer schneller, wenn Sie Ihre Stirn wieder einmal in tiefe Falten gelegt oder Ihren Mund zugekniffen haben. Lächeln Sie in solchen Momenten – und Sie spüren sofort die Entspannung in Ihrem Gesicht. Diese strahlen Sie auch aus.

zurückhaltend sein. Oder sie nimmt es unbewusst auf und reagiert ihrerseits instinktiv ablehnend.

Den Blickkontakt halten

«Du kannst mir ja nicht einmal in die Augen schauen!» Es kommt nicht von ungefähr, dass wir diesen Vorwurf an Menschen richten, von denen wir eine Antwort auf eine unangenehme Frage hören möchten: Wer uns nicht in die Augen schauen kann, dem misstrauen wir.

Wer einem anderen Menschen nicht während zwei Dritteln des Gesprächs in die Augen schauen kann, schafft Misstrauen – das belegt die Verhaltensforschung. Wir denken, dass dieser Mensch etwas zu verstecken hat, auch wenn wir an dem, was er sagt, eigentlich nicht zweifeln würden.

Auch wenn es Ihnen nicht leichtfällt: Mit ein bisschen Übung können Sie es sich angewöhnen, dem Gegenüber in die Augen zu schauen. Versuchen Sie einfach, Ihren Blick zu kontrollieren: Wohin schauen Sie während des Gesprächs? Auf die Tischplatte oder ins Gesicht des Gegenübers? Wenn Sie sich immer wieder vergegenwärtigen, wo Ihr Blick gerade ruht, werden Sie mit der Zeit automatisch in die Augen Ihres Gesprächspartners schauen. Oder wenigstens knapp darunter: Schaffen Sie es – zum Beispiel in einer schwierigen Situation – nicht, den Blickkontakt zu halten, dann können Sie Ihre Augen auch auf den Mund Ihres Gegenübers richten. Das signalisiert gleichermassen Aufmerksamkeit und Offenheit und fällt Ihrem Gesprächspartner oft gar nicht auf. Probieren Sie es einmal aus!

2.4 Versteckte Botschaften erkennen

Sind Sie eine gute Zuhörerin, ein guter Zuhörer? Echtes Zuhören verlangt höchste Aufmerksamkeit und ein ehrliches Interesse an dem, was die Gesprächspartnerin sagt.

Um besser zu verstehen, was echtes Zuhören bedeutet, müssen wir uns zunächst mit dem Sprechen auseinandersetzen - oder, wie es in der Kommunikationswissenschaft oft heisst, mit dem «Senden einer Nachricht» (im Gegensatz zum «Empfangen einer Nachricht»).
Wenn wir sprechen, sagen wir sehr oft nicht das, was wir wirklich zu sagen beabsichtigen. Das ist in vielen Fällen problemlos, weil beiden Seiten die Absicht klar ist:

> Wenn wir fragen: «Hast du eine Uhr?», interessieren wir uns nicht in erster Linie dafür, ob unser Gesprächspartner eine Uhr trägt oder nicht. Wir interessieren uns auch nicht für die Marke, sondern wir wollen wissen, wie spät es ist, und werden auch problemlos eine Antwort bekommen.

Schwieriger wird es, wenn die Absicht nicht so eindeutig ist:

> Wenn der Beifahrer zur Fahrerin sagt: «Du, da vorne ist grün!», dann geht es wohl weniger um die Feststellung, dass die Ampel auf Grün steht, als vielmehr um die Aufforderung: «Fahr etwas zügiger!»

> Wenn wir zu unserem Besucher nach dem Nachtessen sagen: «Oh, schon Mitternacht!», dann hoffen wir, dass er merkt, dass wir den Abend gern beschliessen würden. Die Gefahr ist aber, dass er den Wink nicht versteht und noch eine Weile sitzen bleibt.

Aussagen, deren Absicht nicht klar erkennbar ist, können also zu grossen Missverständnissen führen. Die Bemerkung des Beifahrers beispielsweise kann zu einem ausgewachsenen Streit führen - dann nämlich, wenn die Fahrerin den beiläufig geäusserten Satz als Kritik an ihrem Fahrstil versteht. Und auch die Feststellung des Gastgebers kann unerwünschte Konse-

quenzen haben, zum Beispiel, wenn der Besucher glücklich entgegnet: «Ja, unglaublich, wie die Zeit vergeht, wenn man wieder einmal gemütlich beisammensitzt. Komm, lass uns noch etwas trinken!»
Klar erkennbar wäre die Absicht dagegen, wenn der Beifahrer sagen würde: «Bitte fahr etwas schneller», und der Gastgeber: «Ich hatte einen strengen Tag und bin müde, ich würde jetzt gerne ins Bett gehen.»

Aussagen, die nicht nur eine Interpretation zulassen, führen häufig zu Missverständnissen.

Was wir sagen, ohne es zu sagen

Um Vertrauen zu schaffen, ist es notwendig, dass wir vom Gegenüber jederzeit verstanden werden und dass unsere Aussagen unzweideutig sind. Dass das nicht immer gelingen kann, ist klar. Aber es lohnt sich, die Mechanismen zu kennen, derer wir uns beim Sprechen bedienen. Dazu greife ich zurück auf das «Modell der vier Botschaften», das der Kommunikationspsychologe Friedemann Schulz von Thun entwickelt hat und das in der Folge von anderen Kommunikationsforschern erweitert worden ist. Ich reichere das Modell mit eigenen Interpretationen und Erfahrungen an.

Vier Botschaften

Friedemann Schulz von Thun fand heraus, dass unsere «Nachrichten» – also alles, was wir sagen – immer vier Botschaften gleichzeitig enthalten: eine Informations-, eine Appell-, eine Beziehungs- und eine Selbstoffenbarungsbotschaft. Dabei muss die Beziehungsbotschaft immer ein «Du» enthalten und die Selbstoffenbarungsbotschaft ein «Ich». Schulz von Thun veranschaulicht das an folgendem Beispiel sehr schön: Stellen Sie sich vor, Sie gehen zu Ihrer alleinstehenden Mutter auf Besuch. Diese begrüsst Sie mit den Worten: «Schön, dass du wieder mal da bist.» Was hören Sie aus diesem Satz heraus? Freude («schön»)? Einen Vorwurf («wieder mal»)? Wahrscheinlich ein bisschen von beidem. Und der Satz der Mutter enthält noch mehr:

> **Botschaft 1**, die Sachinformation. Die Mutter sagt: «Ich finde deine Anwesenheit schön, ich freue mich, dass du mich besuchst.»
> **Botschaft 2,** der Appell. Die Mutter sagt auch: «Besuche mich öfter!»
> **Botschaft 3,** die Beziehungsbotschaft. Die Mutter lässt Sie mit einem leisen Vorwurf spüren: «Du vernachlässigst mich.»
> **Botschaft 4,** die Selbstoffenbarung. Die Mutter sagt über sich: «Ich fühle mich einsam.»

Jede Nachricht enthält vier Botschaften, eine Informations-, eine Appell-, eine Beziehungs- und eine Selbstoffenbarungsbotschaft.

Dieses Beispiel zeigt, wie komplex die Kommunikation zwischen uns Menschen ist. Die vier Botschaften stecken in jeder unserer «Nachrichten», also in all unseren Äusserungen – ob es sich nun um einen einzelnen Satz, um ein ganzes Gespräch oder gar nur um ein einziges Wort handelt. Wie zum Beispiel im folgenden Dialog. Eine Tochter eröffnet ihrer Mutter: «Mama, ich ziehe mit meinem Freund zusammen!» Die Mutter antwortet mit leicht säuerlichem Unterton nur: «Ja?»

In diesem Beispiel würde die Sachinformation seitens der Mutter lauten: «Ich wusste nicht, dass du mit deinem Freund zusammenziehst.» Der Appell ist klar: «Überlege es dir noch einmal!» Die Beziehungsbotschaft wäre: «Als deine Mutter habe ich dazu etwas zu sagen. Ich will nicht, dass du mit diesem Mann zusammenziehst.» Und als Selbstoffenbarung schliesslich ist aus diesem «Ja?» herauszuhören: «Mir passt dieser Typ nicht.»

Selbst aus einem Schweigen lassen sich die vier Botschaften heraushören. Man kann nämlich «nicht nicht kommunizieren», wie es der Kommunikationsforscher Paul Watzlawick formulierte. Die Sachinformation im Falle eines Schweigens könnte beispielsweise lauten: «Ich rede darüber nicht.» Der Appell: «Lass mich in Ruhe!» Die Beziehungsbotschaft: «Es geht dich nichts an, mit dir rede ich über dieses Thema nicht.» Und die Selbstoffenbarung schliesslich könnte heissen: «Ich bin verletzt, deshalb sage ich dazu nichts.»

Lieber höflich als verletzend

Diese Beispiele zeigen: Auch wenn wir miteinander reden, bleibt vieles ungesagt. Nicht selten deshalb, weil wir das Gegenüber nicht verletzen möchten. Stellen wir uns zum Beispiel vor, eine gute Freundin hat eine neue, sündhaft teure Design-Ständerlampe gekauft und Sie zur Begutachtung eingeladen. Die Lampe gefällt Ihnen nicht, trotzdem sagen Sie vermutlich eher: «Wie interessant» oder «Ich bewundere den Mut, den du bei der Anschaffung neuer Einrichtungsgegenstände immer wieder an den Tag legst», als klar und unmissverständlich zu formulieren: «Mir gefällt diese Lampe nicht.» In vielen Fällen entscheiden wir uns für eine implizite, also nicht aus-

Jede unserer Nachrichten kann explizit oder implizit sein, also ausdrücklich oder nicht ausdrücklich. Der Anteil an nicht ausdrücklichen Nachrichten, die einen grossen Spielraum für Interpretationen lassen, ist sehr hoch. Diese Nachrichten können zu Missverständnissen und – im schlimmeren Fall – zu einem Vertrauensbruch führen.

drückliche, Formulierung, um höflich zu sein, statt für eine explizite, eine ausdrückliche Botschaft, die verletzen könnte.

Aber Hand aufs Herz: Glauben Sie wirklich, dass die Freundin nach einer diplomatischen Bemerkung nicht merkt, dass Ihnen die Lampe nicht gefällt? Tatsächlich wäre für ein nachhaltig vertrauensvolles Verhältnis eine ehrliche Äusserung förderlicher. Wahrscheinlich würde Ihre Freundin – nach einer ersten Irritation, weil eine so direkte Äusserung nicht zu unseren Konventionen passt – sagen: «Immerhin weiss ich bei dir jederzeit, woran ich bin. Das gibt mir ein gutes Gefühl, dir vertraue ich.»

Eindeutige und versteckte Botschaften

Natürlich ist es nicht in jedem Fall angebracht, explizite, also ausdrückliche, Botschaften zu äussern. Gerade im Privaten ist es manchmal von Vorteil, wenn man seine Äusserungen zurückhaltend formuliert. Wenn Ihre Partnerin vier Stunden in der Küche verbracht hat, um ein Menü auf den Tisch zu zaubern, dieses aber in keiner Weise zu überzeugen mag, ist es besser, wenn Sie nicht über das Essen reden, sondern die grosse Arbeit loben: «Unglaublich, wie lange du in der Küche gestanden bist. Herzlichen Dank, mein Schatz, das ist wirklich lieb!» Wenn Sie unverblümt über das Resultat der Arbeit herziehen würden mit den Worten: «Sorry, aber dein Essen ist ungeniessbar», könnte dieser Satz zu einer nachhaltigen Verstimmung in der Beziehung führen, was – gemessen am Anlass – eine etwas gar gravierende Folge wäre.

Im Berufsleben können implizite, also versteckte, Botschaften schwerwiegende Konsequenzen haben.

Anders ist es im Berufsleben – da kann es unerwünschte Folgen haben, wenn Botschaften nicht eindeutig sind: «Ihr Konzeptvorschlag hat durchaus interessante Ansätze, Herr Müller. Wir können das gerne bei Gelegenheit anschauen.» In diesem Satz, den ein Chef zu seinem Mitarbeiter sagen könnte, schwingt implizit ein Einwand mit: «Neu sind Ihre Ansätze leider überhaupt nicht, und originell finde ich sie auch nicht. Auf jeden Fall habe ich keine Eile, Ihr Konzept vertieft zu besprechen.» Da der Chef den Einwand nur versteckt mitschwingen lässt, wird der Mitarbeiter nach dieser Äusserung verunsichert sein. «Ja, was heisst das jetzt? Soll ich das Thema weiterverfolgen oder nicht?», wird er sich fragen und möglicherweise mit weniger Motivation am Konzept weiterarbeiten - wenn überhaupt.

Direkte Äusserungen können im ersten Moment irritieren, sind im Geschäftsleben auf lange Sicht aber besser als versteckte Botschaften.

Hätte der Chef ehrlich gesagt: «Ihr Konzept gefällt mir nicht, Herr Müller. Ich finde Ihre Ansätze nicht neu, überdenken Sie das Ganze bitte noch einmal», wüsste der Angestellte, woran er ist. Vielleicht würde er sich zuerst über die unmissverständliche Antwort ärgern. Doch im Nachhinein wäre er dem Chef vermutlich sogar dankbar für die klare Äusserung, weil sie ihn davor bewahrt, Zeit für eine Sache aufzuwenden, die sowieso zum Scheitern verurteilt ist. Das Beispiel zeigt: Es ist einfacher, einem Menschen zu vertrauen, bei dem man weiss, woran man ist.

Körpersprache, Blickkontakt

Wie bereits weiter oben dargelegt (siehe Seite 42), sprechen wir auch mit dem Körper. Wir drücken mit der Sprache des Körpers gleich viel aus wie mit der mündlichen Sprache. Deshalb gilt es, auch auf die sogenannten nonverbalen Botschaften zu achten.

Drücken Sie mit Ihrer Körpersprache nicht das Gleiche aus wie mit Ihrer mündlichen Sprache, ist die Kommunikation nicht stimmig. Das schafft beim Gegenüber Misstrauen.

Sitzen wir zum Beispiel mit verschränkten Armen in einem Gespräch, strahlen wir eine deutliche Ablehnung aus, entweder dem Gesprächspartner oder dem Thema gegenüber - auch wenn wir das Gegenteil behaupten. Und haben wir unseren Kopf deutlich nach hinten geneigt, zeigen wir dem Gegenüber, dass wir uns überlegen fühlen, was eine starke Ablehnung auslösen kann. Neigen wir den Kopf hingegen leicht nach vorne, strahlt das Vertrauenswürdigkeit aus. Ähnlich verhält es sich mit leicht zur Seite geneigtem Kopf: Diese Stellung signalisiert Aufmerksamkeit, was ebenfalls das Vertrauen fördert.

Wenn Sie den Kopf leicht nach vorne oder zur Seite geneigt haben, wirken Sie vertrauenswürdig. Gesenkte oder gar rollende Augen schaffen Misstrauen.

Wenn Sie Ihrem Gegenüber nicht während des Grossteils des Gesprächs in die Augen schauen können, schadet dies Ihrer Glaubwürdigkeit ebenfalls. Ihr Gesprächspartner wird denken: «Der hat etwas zu verstecken, er ist nicht ehrlich.» Rollen Sie gar die Augen, interpretiert Ihr Gegenüber dies zu Recht als abschätzige Geste. Unter diesen Umständen kann eine vertrauensvolle Basis kaum entstehen.

2.5 Vertrauen gewinnen durch Aufmerksamkeit

Wenn Sie vor der Aufgabe stehen, in einem Gespräch die Führungsrolle zu übernehmen, sind Sie gefordert. Die wichtigste Voraussetzung, um versteckte Nachrichten richtig entschlüsseln zu können: Hören Sie aufmerksam zu.

Die Beispiele im vorangehenden Kapitel zeigen, wie wenig klar wir Menschen uns oft ausdrücken. Verstehen Sie diese Beispiele deshalb als Anregung, sich selber immer wieder zu überprüfen und sich zu fragen: «War meine Aussage soeben deutlich? Habe ich ausdrücklich gesagt, was ich wollte - oder musste mein Gegenüber selber heraushören, was ich eigentlich hätte sagen wollen?» Mit ein bisschen Übung wird es Ihnen immer besser gelingen, sich klar und unmissverständlich auszudrücken, ohne Ihr Gegenüber zu verletzen.

Leider können wir in dieser Beziehung nur an uns selber arbeiten. Auch wenn - hoffentlich - viele Menschen dieses Buch lesen, wird es nie so sein, dass sich alle einfach, klar und eindeutig äussern werden. So verschieden wir Menschen sind, so verschieden ist auch die Art, wie wir uns ausdrücken. Das ist aber nicht weiter schlimm, denn wenn Sie aufmerksam zuhören, verstehen Sie vieles, was nicht ausdrücklich ausgesprochen wird, trotzdem.

Zeigen Sie Ihrem Gegenüber, dass Sie aktiv zuhören. Dann fühlt es sich ernst genommen.

Mit dem sogenannten «aktiven Zuhören», wie es in der Fachsprache heisst, geben Sie Ihrem Gesprächspartner zudem das Gefühl, voll und ganz bei ihm zu sein, was das Vertrauen und folglich auch ein angenehmes Gesprächsklima fördert.

Schlüssel zum Verständnis: aktives Zuhören

Sie haben es vermutlich aus den vorangegangenen Zeilen bereits herausgelesen: Als diejenige Person, die im Gespräch den führenden Part übernimmt – sei es als Vorgesetzte, als Ärztin, als Verwaltungsangestellter oder als Verkäufer –, sind Sie für den Verlauf massgeblich verantwortlich. Sie steuern das Gespräch mit Ihren Fragen und durch aktives Zuhören. Damit Sie auch wirklich aktiv zuhören können, müssen einige Voraussetzungen erfüllt sein.

> **Aktives Zuhören und die richtige Fragetechnik erlauben es Ihnen, das Gespräch so zu lenken, wie Sie das wünschen.**

Die wichtigste Voraussetzung: Sie müssen neugierig sein auf das, was das Gegenüber zu erzählen hat. Interesse können Sie nicht spielen, es muss ehrlich sein und von innen herauskommen, sonst spürt es Ihre Gesprächspartnerin. Vielleicht sagen Sie sich: «Ich kann mich doch nicht für alles interessieren, was andere Menschen zu erzählen haben!» Das stimmt – und stimmt nicht: Versuchen Sie sich zu öffnen und auch auf Dinge neugierig zu sein, die Sie im ersten Moment nichts anzugehen scheinen. Natürlich müssen Sie nicht Stunden damit verbringen, einem Menschen zuzuhören, der Ihnen seine Geschichten erzählt, aber geben Sie ihm eine Chance. Aktives Zuhören bedeutet nämlich auch, das Gespräch so zu lenken, dass die Person, die redet, auf den Punkt kommt. Und mit einer geschickten Fragetechnik können Sie ausserdem dem Gespräch die gewünschte Richtung geben, ohne dass beim Gegenüber je das Gefühl entsteht, Sie interessierten sich nicht für seine Anliegen.

> **Stellen Sie sich auf ein Gespräch ein. Wenn Sie nicht bereit sind, bringt eine Unterhaltung nichts.**

Neben echtem Interesse müssen Sie auch die Bereitschaft mitbringen, Ihrem Gesprächspartner zuzuhören. Sie kennen diese Situation vielleicht: Sie sitzen zuhause vor dem Fernseher und schauen die «Tagesschau». Da kommt Ihre Partnerin dazu und sagt: «Du glaubst nicht, was ich heute erlebt habe!», und beginnt zu erzählen. Vermutlich hören Sie, da Sie ja immer noch die aktuellen Informationen sehen wollen, nur «mit einem Ohr» zu, wie der Volksmund sagt. Es kann gut sein, dass dies Ihrer Partnerin nicht entgeht und sie nach einer Weile bemerkt: «Du hörst mir ja gar nicht rich-

tig zu, das ist wieder mal typisch!», und schon ist die Stimmung für den Rest des Abends im Eimer. Besser wäre in einer solchen Situation, der Partnerin klar zu sagen, dass man zuerst die «Tagesschau» sehen möchte und danach gerne bereit sei, ihr zuzuhören (ausser natürlich, die Partnerin hat Ihnen etwas wirklich Wichtiges zu sagen, dann hat das Gespräch Vorrang).
Ähnlich verhält es sich, wenn ein Mitarbeiter mit Ihnen ein Gespräch führen will, Sie aber gleichzeitig noch ein Mail fertig schreiben oder die Unterlagen für die nächste Sitzung bereitstellen: In diesen Fällen sind Sie nicht bereit, Ihrem Mitarbeiter zuzuhören. Versuchen Sie zuerst, Ihre aktuellen Arbeiten abzuschliessen, oder bitten Sie den Mitarbeiter, später noch einmal zu kommen. Das ist ehrlicher und verhindert, dass es zu Unstimmigkeiten kommt.
Es kann auch einmal sein, dass Sie gar nicht in der Lage sind, Ihren Gesprächspartnern wirklich zuzuhören, zum Beispiel, weil Sie vor kurzem einen geliebten Menschen durch Trennung oder Tod verloren haben und daher mit Ihren Gedanken ganz woanders sind. Auch in diesen Fällen ist es ratsam, wichtige Gespräche, in denen Ihre Aufmerksamkeit gefragt ist, auf später zu verschieben.

Wenn Sie nicht imstande oder bereit sind, dem Gesprächspartner Ihre Aufmerksamkeit zu schenken, signalisieren Sie das deutlich. Verschieben Sie das Gespräch auf einen späteren Zeitpunkt.

Räumen Sie für ein Gespräch genug Zeit ein.

Und schliesslich ist es wichtig, dass Sie sich für ein Gespräch ausreichend Zeit nehmen. Kommt eine Mitarbeiterin mit einem wichtigen Anliegen zu Ihnen und Sie machen einen ungeduldigen oder gehetzten Eindruck, weil Sie gleich wieder weg müssen, kann das zu einem grossen Vertrauensverlust führen. «Der nimmt mich ja gar nicht ernst», lautet möglicherweise die stille Reaktion Ihrer Mitarbeiterin. Verschieben Sie das Gespräch auch in diesem Fall auf einen anderen Zeitpunkt, machen Sie Ihrer Mitarbeiterin einen konkreten Terminvorschlag und reservieren Sie sich genug Zeit für die Besprechung.
In all diesen Fällen – Sie sind nicht bereit, Sie sind im Moment nicht fähig oder Sie haben keine Zeit – ist es ratsam, Transparenz

zu schaffen, um Ihr Gegenüber nicht zu frustrieren und damit einen Vertrauensverlust zu riskieren. Seien Sie ehrlich und erklären Sie, warum Sie im Moment kein Gespräch führen können. Sie schaffen damit ein gutes Grundklima für die nächste Begegnung und können mit dem Vertrauen Ihres Gegenübers rechnen - ehrlichen Menschen vertraut man grundsätzlich mehr als Menschen, bei denen man nicht weiss, woran man ist.

Die richtige Botschaft heraushören

Zum aktiven Zuhören gehört, dass Sie die vier Botschaften, die in einer Nachricht stecken (siehe Seite 47), heraushören und herausfinden, welches die Hauptbotschaft ist. Der Kommunikationspsychologe Friedemann Schulz von Thun nennt das «mit vier Ohren hören».

Sie erinnern sich: In jeder Nachricht, die wir «aussenden» - eine Nachricht kann ein Satz, aber auch ein ganzes Gespräch sein -, stecken vier Botschaften: Wenn wir reden, vermitteln wir immer eine reine Sachinformation, wir richten einen Appell an das Gegenüber, wir sagen etwas aus über die Beziehung, in der wir zueinander stehen, und wir sagen schliesslich etwas aus über uns selber.

Wenn Sie ein Gespräch leiten, bedeutet das nun, dass Sie die vier Ebenen Sachinfor-

MIT VIER OHREN HÖREN

Überprüfen Sie immer, mit welchem «Ohr» Sie zuhören. Vielleicht hören Sie auf dem «Beziehungsohr», während Ihr Gesprächspartner das «Sachinformationsohr» ansprechen möchte. Eindrücklich zeigt dies das Beispiel der Autofahrt weiter oben, in dem der Beifahrer sagt: «Du, da vorne ist grün.» Nimmt die Fahrerin diese Nachricht mit dem «Sachinformationsohr» auf, hört sie nichts anderes, als dass die Ampel auf Grün steht und sie ungestört weiterfahren kann. Hört sie auf dem «Appellohr», drückt sie möglicherweise etwas stärker aufs Gas, um noch vor der nächsten Rotphase über die Kreuzung zu fahren. Nimmt die Fahrerin den Satz allerdings über das «Beziehungsohr» auf, kann diese möglicherweise beiläufig geäusserte Bemerkung einen ausgewachsenen Streit entfachen. Die Fahrerin hört in diesem Fall: «Du kannst einfach nicht Auto fahren, immer bist du so zögerlich!», und wird antworten: «Fahr doch selber, wenn du sowieso immer alles besser weisst!» Um einer solchen Situation vorzubeugen, empfiehlt es sich, bei einer Unklarheit nachzufragen. «Was möchtest du mir sagen?» ist in fast allen Fällen eine angebrachte Frage und dient dazu, Klarheit in eine unklare Äusserung zu bringen.

mation, Appell, Beziehungsbotschaft und Selbstoffenbarung aus dem, was Ihr Gesprächspartner sagt, heraushören und unterscheiden müssen. Danach sollten Sie herausfinden, welche Botschaft für Ihr Gegenüber die Hauptbotschaft war.

Erkennen Sie die Hauptbotschaft Ihres Gegenübers.

Da wir in den seltensten Fällen explizit, also ausdrücklich, sagen, was wir meinen, sondern oft «um den heissen Brei» herumreden, muss die Hauptbotschaft Ihres Gegenübers nicht zwingend die Botschaft sein, die Sie hören. Vielleicht liegt die Hauptbotschaft versteckt hinter dem wirklich Gesagten (mehr dazu Seite 46).
Wenn zum Beispiel ein Kind zu seiner Mutter sagt: «Ich habe Bauchweh», dann kann die Botschaft dahinter heissen: «Ich bin nervös, weil ich morgen in der Schule eine Prüfung habe.» Aktives Zuhören bedeutet, dass die Mutter diese Botschaft heraushört und mit dem Kind über die Prüfungsangst redet – und ihm nicht einfach nur eine Pille gegen das Bauchweh gibt. Dadurch fühlt sich das Kind verstanden.

Gut vorbereitet ins Gespräch

Dass die Mutter das Bauchweh des Kindes richtigerweise als Prüfungsangst interpretiert, hat natürlich nicht nur damit zu tun, dass sie gut zuhört, sondern auch damit, dass sie die aktuelle Situation des Kindes kennt. Dieses Beispiel zeigt, wie sehr es sich lohnen kann, sich auch auf ein Gespräch mit einer Person, der man nicht so nahesteht, vorzubereiten, zum Beispiel auf ein Gespräch mit einer Mitarbeiterin. Wenn Sie die aktuelle Situation oder sogar in groben Zügen die Geschichte Ihrer Gesprächspartnerin kennen, verstehen Sie viel mehr von dem, was sie sagt.
Wenn Sie zum Beispiel wissen, dass Ihre Mitarbeiterin an ihrer früheren Arbeitsstelle gemobbt wurde, verstehen Sie viel eher, warum es sie irritiert, dass die Kollegin immer auf die Uhr schaut, wenn sie nach Hause geht: «Ich habe immer das Gefühl, sie überwache mich, und das verunsichert mich.»

Bereiten Sie sich auf ein Gespräch mit einer Mitarbeiterin so gut wie möglich vor, dann hören Sie mehr, als wenn Sie unvorbereitet sind.

Oder wenn Sie wissen, dass die Frau Ihres Mitarbeiters ungewollt schwanger ist und er sich deshalb Sorgen um seine finanzielle Situation macht, verstehen Sie seine Bitte, die Überstunden ausbezahlen statt in Ferien umwandeln zu lassen, besser - auch wenn er es nicht ausdrücklich sagt.

Wenn eine Vorbereitung nicht möglich ist

Selbstverständlich ist es nicht möglich, sich auf jede Gesprächssituation vorzubereiten beziehungsweise sich darauf einzustellen. Eine einfühlende Haltung können Sie trotzdem einnehmen. Um möglichst immer herauszuhören, was das Gegenüber wirklich sagen will, sollten Sie eine Art «Frühwarnsystem» für die sogenannten impliziten Botschaften entwickeln. Wie so vieles gelingt auch das durch stetes Üben.

Entwickeln Sie mit ein bisschen Übung eine «innere Antenne», um das herauszuhören, was das Gegenüber nicht ausdrücklich sagt.

BOTSCHAFTEN DECODIEREN

So üben Sie, implizite - also versteckte - Aussagen zu «entschlüsseln»:

> **Achten Sie auf die Zwischentöne:** Schleichen sich in die Aussagen Ihres Gesprächspartners immer wieder Wörter ein wie «eigentlich» oder «grundsätzlich»? Fragen Sie in diesem Fall nach: «Was meinen Sie, wenn Sie sagen: ‹Eigentlich fühle ich mich in meiner neuen Umgebung ganz wohl›? Fühlen Sie sich etwa noch nicht ganz wohl?» Oder: «Was heisst: ‹Grundsätzlich läuft es in unserem Team recht gut›? Wann läuft es nicht gut?»

> **Schauen Sie auf die Augen Ihres Gesprächspartners:** Schafft er es, Ihnen während eines Grossteils des Gesprächs in die Augen zu schauen, oder weicht er Ihrem Blick aus? Ist es möglich, dass er nicht hundertprozentig zu seinen Aussagen steht?

> **Hören Sie auf den Tonfall:** Passt er zu dem, was Ihr Gesprächspartner sagt? Oder klingt die Stimme bei bestimmten Aussagen möglicherweise etwas unsicher, wenig gefestigt? Kann es sein, dass Ihrem Gesprächspartner bei seinen Aussagen nicht ganz wohl ist, weil er etwas sagt, was nicht seiner Überzeugung entspricht?

Botschaften des Körpers entschlüsseln

Da wir uns nicht nur mit der mündlichen Sprache, sondern auch mit der Sprache des Körpers ausdrücken, ist es wichtig, dass Sie lernen, die Körpersprache Ihrer Gesprächspartnerin, Ihres Gesprächspartners zu beachten und zu «lesen».

Um einen Menschen wirklich zu verstehen, müssen Sie seine Körpersprache interpretieren können.

Hier zunächst eine Übersicht über die häufigsten Ausdrucksformen der Körpersprache und was sie bedeuten können:

> **Ihr Gegenüber sitzt mit verschränkten Armen da.** Vermutlich hat Ihr Gesprächspartner kein Interesse am Gespräch. Es kann aber auch sein, dass Sie ihm unsympathisch sind oder er Ihnen misstraut. Aber Vorsicht: Verschränkte Arme müssen nicht immer eine ablehnende Haltung ausdrücken. Vielleicht findet es Ihr Gegenüber auch ganz einfach entspannter, so dazusitzen. Achten Sie auch auf die anderen Signale, die jemand aussendet (Mimik, Blick usw.), damit Sie eine Körperhaltung richtig interpretieren können.

> **Ihr Gegenüber sitzt mit gesenktem Blick da.** Ihre Gesprächspartnerin hat entweder ein schlechtes Gewissen oder will eine Konfrontation vermeiden, deshalb weicht sie Ihrem Blick aus. Auch hier: Lassen Sie sich nicht zu

ÜBUNG: SCHÄRFEN SIE IHR BEWUSSTSEIN

Versuchen Sie während Gesprächen einmal, sich selber zu beobachten. Stellen Sie fest, welche Sprache Ihr Körper spricht und wie Sie sich dabei fühlen. Waren Sie soeben verlegen oder fühlten Sie sich ertappt, als Sie sich am Kopf kratzten? Haben Sie die Arme verschränkt, weil Sie sich unbewusst von Ihrem Gegenüber abwenden wollten? Rudern Sie mit den Armen, weil Sie argumentativ gerade etwas schwach auf der Brust sind? Wenn Sie Ihren eigenen Körper und seine Sprache kennen, werden Sie auch die nonverbale Kommunikation Ihrer Gesprächspartner künftig leichter entschlüsseln können.

einem vorschnellen Urteil hinreissen – vielleicht denkt sie einfach nur intensiv nach.

- **Ihr Gegenüber rudert mit den Armen.** Das kann bedeuten, dass Ihr Gesprächspartner förmlich nach Worten ringt. Vielleicht weiss er noch nicht genau, was er sagen will, oder er spürt, wie ihm argumentativ die Felle davonschwimmen.
- **Ihr Gegenüber neigt den Kopf leicht nach hinten.** Die Verhandlungspartnerin will ihre Überlegenheit demonstrieren. Lassen Sie sich von dieser Geste nicht verunsichern, sie ist eine – oft unbewusst eingesetzte – Machtdemonstration. Vielleicht will die andere Person damit nur ihre eigene Unsicherheit überspielen.
- **Ihr Gegenüber fasst sich an den Hinterkopf oder streicht sich durch die Haare.** Der Gesprächspartner ist verlegen, ratlos oder unsicher, oder er fühlt sich ertappt. Am besten thematisieren Sie Ihre Beobachtung: «Habe ich Sie jetzt verlegen gemacht oder verunsichert?» Mit einem solchen Satz können Sie die Situation für beide Seiten entspannen.

2.6 Ein offenes Ohr haben

Hören Sie Ihrer Gesprächspartnerin gut zu – und zeigen Sie es ihr auch. Etwa, indem Sie wiederholen, was Sie gehört haben. Oder indem Sie das, was Sie fühlen, in Worte fassen. Damit stärken Sie die gemeinsame Vertrauensbasis.

Aufmerksames, aktives Zuhören fördert, wie wir gesehen haben, das Vertrauen (siehe Seite 52). Denken Sie daran, dass nicht nur Sie als diejenige Person, die das Gespräch führt, Ihr Gegenüber beobachten – genauso werden auch Sie von Ihrem Gesprächspartner beobachtet. Er fragt sich während des ganzen Gesprächs: «Hört er, hört sie mir überhaupt zu?»

Seien Sie sich bewusst: Auch Sie senden mit Ihrem Körper Signale aus, die beim Gegenüber etwas auslösen können.

Entscheidend ist deshalb, wie klar Sie sich in der mündlichen Kommunikation ausdrücken, aber auch, was Sie körpersprachlich vermitteln. Sitzen Sie mit abgewandtem Oberkörper und nach hinten geneigtem Kopf da, schauen Sie auf den Tisch statt in die Augen des Gegenübers? Sind Ihre Botschaften weniger klar, als Sie meinen – und das Gespräch verläuft deshalb harzig? Schauen Sie immer wieder auf die Uhr, und Ihre Gesprächspartnerin wird deshalb nervöser und nervöser – weil sie denkt, dass ihr die Zeit davonläuft, das aber nicht zu sagen wagt? Versuchen Sie, in Gesprächssituationen immer auch auf Ihr eigenes Verhalten zu achten.

Zeigen Sie Ihrem Gesprächspartner, Ihrer Gesprächspartnerin deutlich, dass Sie aufmerksam zuhören. Zum Beispiel, indem Sie wörtlich wiederholen, was Sie gehört haben, oder indem Sie in Ihre Folgefrage Wörter einbauen, die Ihr Gegenüber soeben verwendet hat. Dieses Vorgehen gehört zur Methode des «Spiegelns».

Die Methode des Spiegelns

Unter «Spiegeln» versteht man in der Kommunikationswissenschaft die Technik, dem Gegenüber mit einer wörtlichen oder sinngemässen Wiederholung seiner Aussage zu signalisieren, dass man ihm zuhört.

Wörtliche Wiederholung

Die wörtliche Wiederholung wenden beispielsweise Menschen in medizinischen Berufen oft an. Ein Arzt fragt zum Beispiel seine Patientin: «Wie geht es Ihnen?» Sie antwortet: «Es geht so, seit drei Wochen habe ich Rückenschmerzen – und seit zwei Tagen auch noch ein schreckliches Ziehen im Nacken.» Der Arzt: «Sie haben seit drei Wochen Rückenschmerzen und seit zwei Tagen auch ein Ziehen im Nacken?» – «Ja, genau so ist es, Herr Doktor.» Dieser kurze Dialog zeigt, worin der Vorteil der wörtlichen Wiederholung besteht: Die Patientin fühlt sich verstanden und vertraut darauf, dass der Arzt nun auch genau das Richtige für sie tun wird.

Spricht jemand länger, reicht es auch vollauf, die wichtigsten Stichwörter aus dem soeben Gesagten in die Antwort einzuflechten. Auf dem Polizeiposten erzählt eine Frau: «Sie glauben nicht, was mir gestern passiert ist: Da kam ich nach Hause, und noch bevor ich die Tür aufgeschlossen hatte, merkte ich, dass etwas nicht stimmte. Neben dem Schloss hatte es nämlich Kratzer auf der Tür, was mich irritierte. Ich hatte also bereits ein schlechtes Gefühl, als ich die Tür aufmachte. Zu Recht: In der Wohnung herrschte ein unglaubliches Chaos, überall lagen Kleider und Gegenstände herum, mich traf fast der Schlag. Mir wurde sehr schnell klar: Bei mir wurde eingebrochen.» Es reicht vollauf, wenn die Polizistin wiederholt: «Sie entdeckten zuerst Kratzer auf der Tür, und als Sie in die Wohnung traten, sahen Sie, dass da ein unglaubliches Chaos herrschte?» Die Frau wird antworten: «Genau so ist es.» Sie spürt, dass die Polizistin ihr aufmerksam zugehört hat, und vertraut darauf, dass diese den Fall auch in die Hand nehmen wird.

Es reicht, wenn Sie einzelne Wörter Ihres Gegenübers wörtlich wiederholen, das zeigt, dass Sie aufmerksam zuhören.

Singemässe Zusammenfassung

Um zu zeigen, dass Sie aufmerksam zuhören, können Sie auch in eigenen Worten zusammenfassen, was Sie soeben gehört – oder vielmehr: verstanden – haben. Dieses Vorgehen heisst in der Fachsprache «Paraphrasieren». «Ich habe das Gefühl, bei uns auf der Abteilung geht nicht alles mit rechten Dingen zu», erzählt Ihnen ein Mitarbeiter aufgeregt, «es verschwinden immer wieder Dinge, kleine, nicht wirklich wichtige Dinge - aber es verschwindet doch immer wieder etwas. Und das schafft natürlich ein schlechtes Klima, denn jeder verdächtigt dauernd jeden.»

Formulieren Sie mit eigenen Worten, was Sie gehört beziehungsweise verstanden haben.

Ihre Antwort könnte lauten: «Sie haben also das Gefühl, dass jemand in Ihrer Abteilung stiehlt?» - «Ja, so ist es», wird Ihr Mitarbeiter sagen und sich von Ihnen verstanden fühlen, obwohl - oder gerade: weil - er sich selber nicht so klar ausdrückte.

Emotionen in Worte fassen

Die Methode des «Verbalisierens» ist eine weitere Möglichkeit, um dem Gegenüber Aufmerksamkeit zu signalisieren. Verbalisieren heisst: in Worte fassen, was man im Gespräch erlebt. Wirkt zum Beispiel die Gesprächspartnerin sehr emotional, könnte Ihre Reaktion sein: «Dieser Vorfall scheint Sie noch immer sehr zu beschäftigen.» Ein solcher Satz gibt der Gesprächspartnerin das Gefühl, voll verstanden worden zu sein, und sie wird gerne noch mehr erzählen. Gleichzeitig hilft dieses Vorgehen auch, überschwappende Emotionen abzubauen, zum Beispiel, wenn Sie es als Verkäuferin mit einer aufgebrachten Kundin zu tun haben. Sagen Sie zum Beispiel: «Sie scheinen sehr enttäuscht» oder: «Ich habe das Gefühl, dass Sie sich sehr aufregen.» Mit einer solchen Reaktion Ihrerseits fühlt sich Ihre Kundin ernst genommen, was für eine vertrauensvolle Beziehung das A und O ist.

Versuchen Sie die Emotionen, die Sie bei Ihrem Gegenüber wahrnehmen, zu benennen.

Sich ins Gegenüber einfühlen

Wörtlich oder sinngemäss wiederholen, was Sie gehört und verstanden haben, Emotionen in Worte fassen - mit der Methode des Spiegelns signalisieren Sie Ihrer Gesprächspartnerin: «Ich habe dir aufmerksam zugehört, ich habe verstanden, was du sagen willst.» Dadurch fühlt sich die Gesprächspartnerin ernst genommen und ist bereit, mehr zu erzählen. Sie vertraut zu Recht darauf, dass Sie sie verstehen.
Mit der Methode des Spiegelns schaffen Sie aber noch mehr: Indem Sie das Gehörte wiederholen und in eigene Worte fassen,

RICHTIG UNTERBRECHEN

Manchmal nützt auch die beste Gesprächsführung nichts – das Gegenüber ist in seinem Redefluss einfach nicht zu stoppen. Die folgenden Techniken helfen in einer solchen Situation. Eine wichtige Voraussetzung ist auch hierbei das aufmerksame Zuhören, um im richtigen Moment «eingreifen» zu können:

> **Satz zu Ende führen.** Warten Sie einen geeigneten Augenblick ab – auch jemand, der offenbar ohne Punkt und Komma spricht, muss einmal Luft holen. Der ideale Moment für Sie, um sich einzuschalten: Führen Sie den Satz, den das Gegenüber begonnen hat, elegant zu Ende. Damit verletzen Sie das Gegenüber nicht, sondern geben ihm das Gefühl höchster Aufmerksamkeit, denn immerhin haben Sie seinen Gedanken voll erfasst. Jetzt geht es nur noch darum, das Ruder an sich zu reissen und die Gesprächsführung zu übernehmen. Stellen Sie aber mit Vorteil nicht gleich die nächste Frage, sonst ist klar, wer wieder übernimmt …

> **Aufwerten und selber das nächste Thema bestimmen.** Gehen Sie unmittelbar, nachdem Ihr Gegenüber einen Gedanken geäussert hat, dazwischen und sagen Sie: «Das ist interessant! Sehr spannend, was du da sagst.» Wenn sich Ihr Gesprächspartner noch immer nicht unterbrechen lassen will, beharren Sie: «Nein, warte, das ist jetzt wirklich ein spannender Gedanke.» Spätestens jetzt fühlt sich Ihr Gegenüber geschmeichelt und lehnt sich entspannt zurück, in Erwartung dessen, was jetzt kommt. Das gibt Ihnen die Möglichkeit, das Thema weiterzuführen oder zu einem ganz anderen Thema zu wechseln – möglicherweise merkt es Ihr Gegenüber nicht einmal, weil es sich noch immer über Ihr Kompliment freut.

> **Name sagen.** Hilft keine dieser Techniken, müssen Sie zu härteren Massnahmen greifen, falls Sie je noch zu Wort kommen wollen. Um das Gegenüber in seinem Redefluss zu unterbrechen, nennen Sie seinen Namen: «Kurt!» Das wirkt auf den Gesprächspartner sehr irritierend, probieren Sie es einmal aus. Fast jeder Mensch stoppt, wenn er seinen Namen hört.

> **Berühren.** Die letzte Waffe im Kampf um Wortanteile: Berühren Sie Ihr Gegenüber. Es braucht keine lange, feste Berührung zu sein, ein leichtes, beinahe unmerkliches Streifen der Handoberfläche oder des Arms reicht vollauf. Da wir eine Berührung unbewusst als Grenzüberschreitung wahrnehmen, irritiert dieses Vorgehen so stark, dass Sie nach dieser kurzen Intervention das Ruder problemlos wieder an sich reissen können.

tauchen Sie auch ein in die Wirklichkeit der Gesprächspartnerin, Sie fühlen sich in sie ein. Der Fachbegriff für dieses Vorgehen heisst «Empathie».

Empathie ist für ein vertrauensvolles Gespräch in fast jeder Lebenslage die wichtigste Voraussetzung.

Sich in das Gegenüber einzufühlen heisst, es auf verschiedensten Ebenen zu erfassen. Sie spüren sehr schnell, welche Sprache Ihre Gesprächspartnerin spricht, ob sie Sie versteht, ob sie Ihnen vertraut. Ihr Einfühlungsvermögen können Sie also mit allen in diesem Kapitel bis jetzt beschriebenen Punkten immer wieder unter Beweis stellen, indem Sie

> eine dem Gegenüber angepasste Sprache verwenden, also keine unverständlichen Fachausdrücke oder Fremdwörter gebrauchen.
> darauf achten, dass Ihre Botschaften klar und unmissverständlich sind, und indem Sie dies gegebenenfalls durch gezieltes Nachfragen immer wieder überprüfen.
> für Ihr Gegenüber greifbar sind, sich also nicht hinter Floskeln verstecken, und indem Sie sich mit «Ich»- statt

EINFÜHLEN, NICHT MITLEIDEN

Die möglicherweise schwierige Situation Ihres Gesprächspartners zu kennen heisst nicht, dass Sie ihm deswegen alles durchgehen lassen oder bewilligen müssen. Das würde bedeuten, dass Sie im wahrsten Sinne des Wortes mit ihm mitleiden, also Mitleid haben – kein guter Boden für eine vertrauensvolle, partnerschaftliche Gesprächssituation. Als der, der mitleidet, verlieren Sie die Distanz, die nötig ist, um ein Gespräch – und damit die andere Person – wirklich zu führen. Viel besser als mitzuleiden ist es, sich in die Situation des Gegenübers einzufühlen. Der Fachbegriff dafür heisst «Empathie». Fragen Sie sich also: «Wie würde ich mich an seiner Stelle wohl fühlen?» So können Sie sich in die Situation Ihres Gesprächspartners hineinversetzen, was ein Gespräch auf Augenhöhe ermöglicht und das Vertrauen Ihres Gesprächspartners fördert. Er fühlt sich von Ihnen ernst genommen und verstanden und wird sich im Gespräch öffnen.

«Man»-Formulierungen klar positionieren.

- regelmässig überprüfen, ob Ihr Körper das Gleiche sagt wie Ihre Worte, damit Sie bei Ihrem Gegenüber keine widersprüchlichen Gefühle hinterlassen.
- mit allen «vier Ohren» zuhören und die Hauptbotschaft Ihres Gesprächspartners zu erkennen versuchen (auch hier: Fragen Sie nach, wenn Sie unsicher sind).
- sich für das, was Ihr Gegenüber zu sagen hat, ehrlich interessieren und auch bereit und fähig sind, ihm zuzuhören. Denken Sie daran: Aufmerksames Zuhören bedingt auch, genug Zeit zu haben.
- Ihrem Gesprächspartner durch wörtliches oder sinngemässes Wiederholen seiner Aussagen immer wieder signalisieren, dass Sie ihm aufmerksam zuhören.

2.7 Die Gesprächsleitung übernehmen

Häufig ist klar, wer im Gespräch die Führung innehat: die Vorgesetzte, der Verkäufer, die Verwaltungsangestellte. Wenn die Rollenverteilung nicht von Anfang an gegeben ist, muss eine Person die Gesprächsleitung übernehmen.

In formellen Gesprächen - und mit diesen setzen wir uns in diesem Buch vor allem auseinander - übernimmt immer eine Person die Gesprächsführung. Diese Aufgabe wird meist ganz selbstverständlich an die Person, die die entsprechende Funktion innehat, herangetragen: Der Patient erwartet von der Ärztin, dass diese das Gespräch führt; der Angestellte erwartet dasselbe von seinem Vorgesetzten; der Kunde von der Verkäuferin und so weiter.
Nicht a priori gegeben ist die Rollenverteilung bei informellen Gesprächen, zum Beispiel bei emotionalen Auseinandersetzungen oder bei Gesprächen mit Menschen, die sich in einer schwierigen Situation befinden. In diesen Fällen übernimmt idealerweise die emotional weniger stark betroffene Person die Führung. Wenn also zum Beispiel Ihre Freundin vor kurzem ihren Mann verloren hat oder wenn ein guter Freund soeben erfahren hat, dass er entlassen wird, dann ist es wichtig, dass Sie im Gespräch die Führung übernehmen, denn die Person, die mit einer schlimmen Situation konfrontiert ist, ist dazu im Normalfall nicht imstande.

In formellen Situationen ist die Rollenverteilung klar. In informellen Gesprächen muss sich meist erst herauskristallisieren, wer das Gespräch führt.

Ein Ziel festlegen

Ein Gespräch zu leiten heisst, die andere Person gleichsam an der Hand zu nehmen und durch den Gesprächsverlauf zu führen. Das gibt dem Gesprächspartner Sicherheit, wie wenn man sich von einem Bergführer durch unwegsames Gelände führen lässt: Man vertraut der Führungsperson, dass sie einen ans Ziel bringt. Entsprechend hoch sind die Erwartungen und Anforderungen an Sie als Gesprächsleiter.

Legen Sie für Gespräche, die sich vorbereiten lassen, ein Ziel fest. Seien Sie notfalls aber bereit, von diesem Ziel abzurücken oder einen anderen Weg einzuschlagen.

Das Wichtigste: Gehen Sie nie unvorbereitet in ein formelles Gespräch. Um beim Bild mit dem Bergführer zu bleiben: Entscheiden Sie vor dem Gespräch, wo Ihr Ziel liegt und wie Sie dorthin kommen möchten.
Den Weg zum Ziel können Sie während des Gesprächs immer wieder neu festlegen, je nach den Hindernissen, denen Sie begegnen, zum Beispiel wenn Ihr Gesprächspartner einen anderen Weg einschlagen will als Sie. Auch der Bergführer muss seine Route immer wieder neu festlegen oder einen Umweg machen, etwa weil ein Bach ein Stück Weg mitgerissen oder eine Lawine die Normalroute verschüttet hat. Entscheiden Sie sich also, an welchen Punkt Sie in einem Gespräch kommen möchten - und wie viel Zeit Sie dafür aufwenden wollen. Auch dieser letzte Punkt gehört zur Vorbereitung, für den Gesprächsleiter ebenso wie für den Bergführer.

Gesprächs- und Fragetechniken geschickt einsetzen

So wie der Bergführer seinen Gast mit Einsatz verschiedenster Techniken sicher durch das Gebirge führt, indem er ihn zum Beispiel anseilt oder die Steigeisen montieren lässt, so bringen auch Sie als Gesprächsleiter Ihr Gegenüber unter Einsatz verschiedenster Gesprächs- und Fragetechniken sicher zum Ziel.
Soll das Gespräch als offenes Gespräch, als «Verhör», als Argumentations- oder als Verhandlungsgespräch verlaufen? Es lohnt sich, sich diese Gedanken vor Beginn des Treffens zu machen, dann bestimmen nämlich Sie als Gesprächsleiter Tonalität und Stimmung und lassen sich nicht in eine andere Richtung (ver)führen. So können Sie zum Beispiel eine hoch emotionale Situation gut entschärfen, wenn Sie sich vorgängig für ein Gespräch entschieden haben,

Entscheiden Sie sich vorgängig für eine Gesprächsart: Wollen Sie ein «Verhör», eine Verhandlung oder ein offenes Gespräch führen? Setzen Sie anschliessend die entsprechende Fragetechnik ein.

dessen Ausgang für beide Seiten offen ist. Wenn Sie mit dieser Haltung in das Gespräch gehen, strahlen Sie das auch aus, was die Wogen beim Gegenüber bereits etwas glätten dürfte. Anders ist es, wenn Sie sich unvorbereitet auf eine heftige Diskussion einlassen, dann schaukeln Sie sich möglicherweise gegenseitig hoch, Sie verlieren vielleicht sogar die Übersicht, und das Gespräch läuft aus dem Ruder.
Sie können ein Gespräch gut lenken, indem Sie verschiedene Fragetechniken einsetzen, die notfalls auch Emotionen des Gegenübers kanalisieren:

> **Offene Fragen** erlauben dem Gegenüber, sich auszubreiten. Zum Beispiel: «Warum haben Sie das getan?», «Wie haben Sie das gemacht?», «Was haben Sie damals erlebt?» usw. Diese Fragen setzen im Prinzip keine Grenzen und geben dem Gegenüber die Möglichkeit, sich frei auszudrücken, was sein Vertrauen fördert, weil es den Rahmen selber bestimmen darf.
> **Geschlossene Fragen** bieten sich dann an, wenn das Gegenüber seine Antworten nicht fokussiert oder ausschweifend wird. Solche Fragen lassen als Antwort im Prinzip nur ein Ja oder ein Nein zu. «Ist das Thema für Sie jetzt erledigt?», «Würden Sie heute wieder genau gleich reagieren?» usw. sind Beispiele dafür. Auch Entweder-oder-Fragen (»Möchten Sie die blaue oder die grüne Brille?») oder Fragen, die nur eine Antwortmöglichkeit zulassen, sind geschlossene Fragen («Wie gross sind Sie?»).
> **Step up** («ein Schritt hinauf») bedeutet, vom Detail zum Übergeordneten zu gehen. Wenn Ihr Gegenüber zum Beispiel Episode an Episode reiht («Und

OFFENE FRAGEN SCHAFFEN VERTRAUEN

Offene Fragen eignen sich hervorragend in emotionalen Situationen. Die Frage «Warum regen Sie sich jetzt gerade so stark auf?» gibt dem Gesprächspartner die Möglichkeit, seine Gefühle in Worte zu fassen. Im Unterschied zum Satz: «Nun regen Sie sich mal nicht so auf!», der das Gegenüber stark einschränkt. Hier fühlt sich Ihr Gesprächspartner nicht ernst genommen und hat keine Möglichkeit, sich auszudrücken, was zu einem Vertrauensbruch führen kann.

dann hat er gesagt … Und dann hat er gemacht … Und dann hat er gemeint …»), können Sie fragen: «Und was bedeutet das jetzt? Was heisst das in Bezug auf Ihr Verhältnis zu ihm?»

> Genau umgekehrt verhält es sich mit dem **Step down** («ein Schritt hinunter»): Wenn Ihr Gesprächspartner immer im Vagen und Allgemeinen bleibt («Man muss jetzt endlich einmal etwas unternehmen …»), bringen Sie ihn dazu, konkret zu werden, indem Sie zum Beispiel fragen: «Was schlagen Sie denn vor? Was könnten wir tun?»

Metaebene: einen Schritt zurücktreten

Wenn Gespräche stocken oder Sie an einem Punkt nicht weiterkommen, kann es sich lohnen, das eigentliche Gesprächsthema zu verlassen und auf die sogenannte Metaebene zu wechseln. Die Metaebene ist die Ebene, auf der man über das Gespräch (und nicht über den Inhalt des Gesprächs) spricht. Ein Beispiel: Ihr Gesprächspartner gibt sich bei einem Thema eher verschlossen, er ist plötzlich sehr wortkarg und zurückhaltend in seinen Äusserungen. In einer solchen Situation können Sie auf die Metaebene gehen, indem Sie zum Beispiel sagen: «Ich habe den Eindruck, Sie möchten über dieses Thema nicht reden. Warum denn?»

Mit dem Wechsel auf die Metaebene machen Sie die Art der Kommunikation zwischen Ihnen und Ihrem Gesprächspartner zum Thema. Das hilft, die Situation zu entspannen.

Oder Sie und Ihr Gegenüber geraten plötzlich aneinander, das Gespräch wird laut und heftig – da ist es gut, wenn Sie als Gesprächsleiter die Führung übernehmen und die Auseinandersetzung zum Thema machen: «Entschuldigen Sie, aber worüber streiten wir jetzt gerade? Es geht ja schon lange nicht mehr um das eigentliche Thema – etwas scheint Sie sehr zu erregen …» Auch diese Reaktion ist ein Wechsel auf die Metaebene. Das ist gerade bei einem Vertrauensbruch sehr hilfreich, weil es beiden Gesprächspartnern die Möglichkeit gibt zu sagen: «Mit Ihnen will ich darüber im Moment nicht länger reden», bevor noch mehr Geschirr zerschlagen wird.

Das Verbalisieren, eine der drei Techniken des Spiegelns (siehe Seite 61), ist im Grunde genommen ebenfalls ein Wechsel auf die Metaebene: Wenn Sie die Gefühle des Gegenübers in Worte fassen, verlassen Sie das eigentliche Gesprächsthema und äussern sich zu einer anderen, der emotionalen Ebene.

2.8 Ehrlich und doch respektvoll

Am besten ist es, in Gesprächen ehrlich und direkt zu sein. Kurzfristig führt eine klare Aussage möglicherweise zu einer Irritation, langfristig aber stärkt Gradlinigkeit das Vertrauen – weil der Gesprächspartner weiss, woran er ist.

Vermutlich kennen Sie Situationen wie die folgende aus Ihrem Privatleben. Sie möchten ausgehen und fragen Ihren Partner: «Wann gehen wir wieder einmal ins Kunsthaus? Zurzeit stellt dort ein zeitgenössischer holländischer Plastiker aus.» Seine Antwort: «Bald einmal, Schatz, aber ich habe wirklich sehr viel zu tun und weiss nicht, wann ich es in den nächsten Wochen einrichten kann.» Klar, dass Sie sehr schnell begreifen, dass Ihrem Partner der Sinn überhaupt nicht nach dem originellen Holländer steht. Da er das aber nicht direkt sagt, sondern seine Absage in der vagen Formulierung «bald einmal» versteckt, könnten Sie sich hingehalten und dadurch nicht ernst genommen fühlen. Besser wäre es, Ihr Partner würde sagen: «Du weisst, dass ich mit zeitgenössischer Kunst nichts anfangen kann. Es tut mir leid, aber im Moment mag ich meine spärliche Freizeit nicht für einen solchen Museumsbesuch aufwenden.» Dann wüssten Sie, woran Sie sind, und könnten sich nach einer anderen Begleitung für die Ausstellung umsehen.

Unehrliche Aussagen werden meist durchschaut und führen zu Misstrauen. Die Gesprächspartnerin fragt sich: «Warum ist er mit mir nicht ehrlich?»

Leider ist die oben geschilderte Situation für unser Kommunikationsverhalten typisch. Gerade in der Arbeitswelt gehen wir sehr schonend miteinander um, sagen selten das, was wir wirklich sagen möchten – und lassen dafür hintenherum Dampf ab, was längerfristig zu einem schlechten Klima und nachhaltigem Vertrauensverlust führen kann. Zwei Beispiele:

> Der Mitarbeiter schlägt seinem Chef vor, zur Verbesserung des Betriebsklimas eine Humorwand einzurichten mit Comics, Witzen usw. Der Chef sagt: «Interessante Idee, die Sie da haben – ich überlege mir das bei Gelegenheit gerne.» Die ehrliche Reaktion des Chefs wäre: «Danke, aber ganz offen: Von so etwas halte ich nichts. Ich bin kein Freund von bemüht originellen Methoden, um das Betriebsklima zu fördern. Ich denke nicht, dass wir Ihre Idee umsetzen können.» Diese Antwort gäbe dem Mitarbeiter wenigstens die Möglichkeit, seinen Vorschlag mit ein paar Argumenten zu verteidigen. Mit der ausweichenden Antwort, die nur vordergründig wie ein Kompliment aussieht, spürt der Angestellte zwar auch, dass seine Überlegung vom Vorgesetzten nicht für gut befunden wurde, er kann darauf aber nicht reagieren. Auch wenn der Chef seinen Mitarbeiter nur einfach nicht brüskieren wollte – das Gefühl, vertröstet zu werden, führt zu Vertrauensverlust und Frustration.

> «Herr Meier, jetzt sind Sie schon drei Monate bei uns, und noch nie habe ich Sie beim Feierabendbier mit uns Kollegen gesehen.» Dieser Satz ist unfair, er enthält nämlich einen versteckten Vorwurf. Fairer – weil direkter – wäre es, wenn der Arbeitskollege sagen würde: «Herr Meier, ich habe den Eindruck, dass Sie sich im Team nicht wohlfühlen. Sie haben beispielsweise noch nie mit uns ein Feierabendbier getrunken. Stimmt mein Eindruck?» Dieser Satz gäbe Meier die Chance, sich zu erklären: Vielleicht kann er nie zum Feierabendbier gehen, weil seine Frau Nachtschicht arbeitet und er am Abend die Kinder hüten muss.

Aus diesen Beispielen können wir einige Regeln für unser Sprechverhalten ableiten. Dabei gilt natürlich: Ehrlichkeit und Fairness schliessen Diplomatie und Höflichkeit nicht aus.

Von sich reden statt anklagen

«Mit dir kann man nicht reden!», «Du bist einfach stur!», «Du schaffst es aber auch nie, mir zuzuhören!» Wenn solche Sätze fallen, können Sie davon ausgehen, dass ein Gespräch nicht sehr lange dauern beziehungsweise auf eine Konfrontation hinauslaufen wird. Botschaften, die direkt an das

«Du»-Formulierungen und Verallgemeinerungen brüskieren Ihr Gegenüber schnell einmal. Gehen Sie deshalb immer von sich aus, sprechen Sie von sich.

Gegenüber adressiert sind («du», «dich», «dir»), bewirken meist, dass sich dieses angegriffen fühlt und zum Gegenangriff oder zur Verteidigung übergeht. Beide Verhaltensweisen sind für ein partnerschaftliches Gespräch nicht förderlich.
Um ein Gespräch auf Augenhöhe, also partnerschaftlich, führen zu können – und das müsste das Ziel sein –, sollten Sie als die gesprächsführende Person versuchen, Kritik, Feststellungen, Änderungsvorschläge usw. in der «Ich»- statt in der «Du»-Form zu formulieren. Gehen Sie also immer von sich selber aus, nicht vom anderen. Konkret könnte eine Formulierung dann so lauten: «Ich habe das Gefühl, dass du nicht mit mir reden willst, und das verletzt mich.» Oder: «Mich stört, dass du so heftig auf meine Kritik reagierst.» So äussern Sie Ihren persönlichen Gemütszustand, Ihr eigenes Gefühl, was für den Verlauf des Gesprächs eine ganz andere Basis schafft als ein an das Gegenüber gerichteter Vorwurf.

Schwammige Aussagen vermeiden

Für einen angenehmen Gesprächsverlauf nicht eben förderlich sind auch unklare Personenbezeichnungen: «Man hat bei Ihnen immer ein bisschen das Gefühl, Sie sehen alles von der lockeren Seite.» Ersetzen Sie «man» durch «ich», bekommt dieser Satz eine ganz andere Qualität: «Ich habe bei

VORSICHT BEI VERALLGEMEINERUNGEN

Oft gehen mit «Du»-Formulierungen Verallgemeinerungen wie «nie», «immer» usw. einher. Der Gesprächspartner sagt zum Beispiel: «Nie kann man mit dir reden», oder: «Immer ist es so schwierig mit dir». Solche pauschalisierenden Formulierungen sind Gesprächskiller. Vermeiden Sie sie, wenn Sie selber sprechen. Sagen Sie zum Beispiel: «Ich habe den Eindruck, dass ich mit dir jetzt gerade über dieses Thema nicht sprechen kann, weil du überhaupt nicht darauf eingehst», oder: «Ich erlebe immer wieder Situationen mit dir, die ich schwierig finde, weil …»
Wenn Sie selber mit einer pauschalisierenden Äusserung konfrontiert sind, fragen Sie nach konkreten Beispielen («An welche Situation denkst du konkret?»). Erklären Sie Ihrem Gegenüber, dass Sie so sein Verhalten leichter einordnen können.

Ihnen immer ein bisschen das Gefühl ...» Hier kann der solcherart Beschriebene mit einer Gegenfrage reagieren, was die Gesprächssituation augenblicklich entspannt: «Warum oder bei welcher Gelegenheit hatten Sie diesen Eindruck?»

> **«Man»-Formulierungen sind diffus und schaffen bei Ihrem Gesprächspartner grosse Verunsicherung. Nennen Sie deshalb immer den «Absender» einer Botschaft, am besten sich selbst.**

Ähnlich verhält es sich mit Sätzen wie «Man erzählt sich so einiges über Sie» oder «Man könnte denken, dass ...» Solche Aussagen sind derart nebulös und unklar, dass der Angesprochene den Eindruck bekommen muss, gegen eine dunkle Macht anzukämpfen, was unmittelbar zu einem Ohnmachtsgefühl führen kann. Stehen Sie zu Ihren Aussagen, reden Sie von sich («ich») statt von irgendjemandem («man») oder nennen Sie den Absender einer Botschaft beim Namen, dann weiss Ihr Gegenüber, wer sein Ansprechpartner ist, und kann entsprechend reagieren.

Um Missverständnissen in der Kommunikation vorzubeugen, ist es auch ratsam, Verantwortlichkeiten klar zu benennen. Von einem Satz wie «Man müsste jetzt einmal schauen, wie man das regeln kann ...» fühlt sich niemand direkt angesprochen. Es kann gut sein, dass derjenige, der den Satz gesagt hat, später überzeugt ist, einen klaren Auftrag gegeben zu haben. Hat er aber nicht! Versuchen Sie deshalb, statt von «man» auch hier von «ich» und «du» zu reden: «Ich möchte, dass du das regelst.» Dann ist der Auftrag klar.

> **Benennen Sie Verantwortlichkeiten. Vom Ausdruck «Man müsste ...» fühlt sich niemand angesprochen. Sagen Sie stattdessen beispielsweise: «Ich schlage vor, dass Sie ...»**

2.9 Vom heiklen Einsatz der Ironie

Im Freundes- und Familienkreis sind ironische Bemerkungen in der Regel kein Problem. Im Gespräch mit weniger nahestehenden Personen kann Ironie aber schnell zu Missverständnissen oder gar zum Vertrauensverlust führen.

«Du hast ja ein Glück mit deinen Chefs, immer bekommst du die fähigsten.» Eine solche – deutlich als ironisch erkennbare – Bemerkung ist unter Freunden kein Problem, sie schafft im Gegenteil sogar Verbundenheit: Gemeinsam über ein Problem zu lachen verbindet.

Ironische Äusserungen gegenüber Menschen, die man nicht so gut kennt, sind hingegen heikel. Die Verkäuferin, die sagt: «Das ist aber schön, dass Sie so kurz vor Geschäftsschluss noch zu uns zu kommen!», sorgt für nachhaltige Irritation. Meint sie es ernst oder ist sie ironisch? Was soll der späte Kunde mit dieser Äusserung anfangen? Besser wäre, die Verkäuferin würde klar und direkt sagen: «Entschuldigen Sie bitte, wir schliessen gleich. Darf ich Sie bitten, sich zu beeilen, wenn Sie noch etwas brauchen.»

Ironische Bemerkungen sind zweideutige, also nicht ausdrückliche, Bemerkungen und werden deshalb oft missverstanden.

Sehr schwierig sind ironische Bemerkungen von Vorgesetzten gegenüber Mitarbeitern, wenn das Verhältnis ohnehin nicht das beste ist. Wie soll der Mitarbeiter reagieren, den sein Vorgesetzter nach der mittäglichen Joggingrunde mit dem Satz «Ich würde noch etwas mehr Sport treiben, dann hätten Sie noch mehr Energie für Ihre Arbeit» konfrontiert? Dieser Satz wirkt schon fast zynisch und kann den Mitarbeitenden sehr verunsichern. Besser wäre es, der Vorgesetzte würde ehrlich und direkt sagen, was ihn stört: «Ich habe den Eindruck, nach Ihrem Mittagsjogging brauchen Sie jeweils fast eine Stunde, bis Sie wieder voll auf Touren sind. Das stört mich, denn zu Beginn

des Nachmittags ist der Andrang bei uns am grössten. Wäre es nicht möglich, den Sport in die Abendstunden zu verlegen?»
Ähnlich verhält es sich mit folgender Situation: Die Mitarbeiterin fragt, ob sie heute Abend ausnahmsweise etwas früher nach Hause gehen darf. Der Chef antwortet mit gönnerhaftem Lächeln und einer Überbetonung des Wortes «ausnahmsweise»: «Ach, Sie wollen heute ausnahmsweise mal etwas früher nach Hause?» Der Mitarbeiterin wird schnell klar, dass der Vorgesetzte das Gefühl hat, sie gehe oft früher nach Hause – das aber nicht sagt. Das schafft ein schlechtes und einem guten Verhältnis abträgliches Gefühl.

Vorgesetzte sollten im Umgang mit Mitarbeitern auf ironische Bemerkungen verzichten, vor allem, wenn sie sie nicht gut kennen.

Ironische Bemerkungen können auch den Eindruck einer «abgelöschten», zynischen Persönlichkeit vermitteln – und wer will schon mit einer zynischen Person zu tun haben? Der Angestellte, der süffisant zu seiner Kollegin sagt: «So viel zu tun wie du möchte ich auch einmal haben», hinterlässt ein ungutes Gefühl. Er vermittelt den Eindruck, frustriert zu sein, und das macht ihn als Gesprächspartner alles andere als attraktiv. Wie soll die Kollegin ihm vertrauen, wenn er ihre Arbeit mit zweideutigen Sprüchen kommentiert? Ähnlich deplatziert ist die schwierig zu interpretierende Bemerkung: «Ah, hast du endlich mal wieder Ferien!», wenn sich der Kollege für ein paar Tage verabschiedet.

Zynische Menschen sind als Gesprächspartner nicht beliebt.

Menschen, die ihrem Unmut nur über doppeldeutige, ironische oder gar zynische Bemerkungen Luft machen können, sind oft einsam. Sie sind nicht vertrauenswürdig und als Gesprächspartner wenig attraktiv. Deshalb ist beim Einsatz von Ironie höchste Vorsicht geboten.

Teil II

Gespräche in verschiedenen Situationen

3 Erfolgreich verhandeln

ZIEL

Unser tägliches Leben ist voll von kürzeren und längeren Verhandlungen: in der Politik, unter Geschäftsleuten, zwischen Eltern und Lehrkräften, zwischen Mitarbeitern und Vorgesetzten. Das Geheimnis des Erfolgs: Geben und Nehmen in fairer Ausgewogenheit.

3.1 Ein gutes Resultat als Ziel

In einem Verhandlungsgespräch möchten alle Parteien ein möglichst gutes Resultat erzielen. Logische Argumente und angemessene Flexibilität sind die besten Voraussetzungen dafür.

Unser Alltag ist voller Verhandlungen: Im Brockenhaus feilschen wir um einen tieferen Preis, mit dem Chef verhandeln wir um einen höheren Lohn, mit dem Nachbarn argumentieren wir über die Höhe der Hecke zwischen den Grundstücken. Eine Verhandlung können Sie oder die Gegenseite anregen. Am Schluss geht es darum, dass beide Parteien für sich möglichst viel herausholen. Selten bekommt eine Partei alles, was sie möchte, und die andere nichts. Stellen Sie sich deshalb schon vor der Verhandlung darauf ein, dass Sie Ihr – bewusst hochgestecktes – Ziel möglicherweise nicht erreichen werden. Vielleicht gibt es finanzielle Gründe, grundsätzliche Überlegungen oder entgegengesetzte Interessen, die das verhindern. Es ist deshalb gut, ein möglichst

STUFENWEISE ANNÄHERUNG

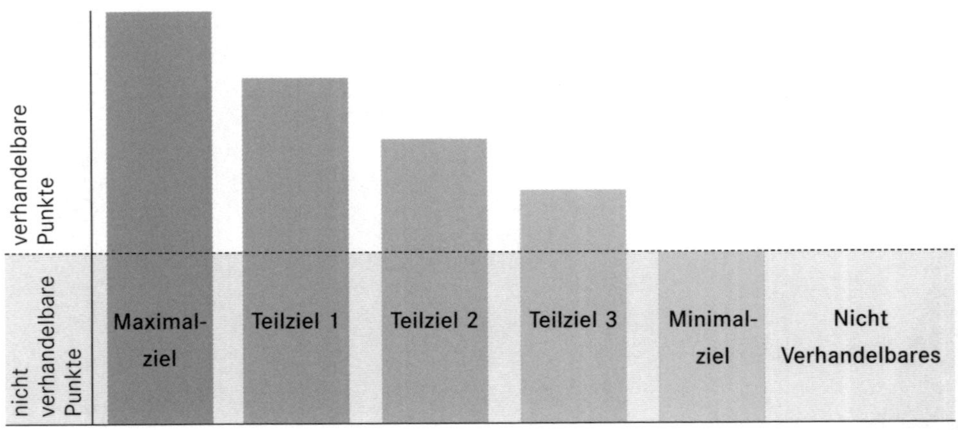

anspruchsvolles Maximalziel zu formulieren, sich aber gleichzeitig auch zu überlegen, wo Abstriche möglich wären und welche Punkte sicher nicht verhandelbar sind.

Maximal- und Teilziele festlegen

Eine Verhandlung ist im Idealfall ein Geben und Nehmen, bis beide Seiten mit dem Resultat zufrieden sind. Kompromisse einzugehen gehört dazu und bedeutet nicht, dass Sie als Verlierer aus dem Treffen hervorgehen. Stellen Sie sich bei der Vorbereitung einfach vor, was für Sie das «höchste der Gefühle» sein könnte. Rechnen Sie gleichzeitig damit, dass Sie dieses Ziel nur teilweise erreichen werden. Dafür entwickeln sich in einer lebendigen Verhandlung manchmal «dritte» Lösungen - Ideen, auf die vorher niemand gekommen ist und die für beide Parteien möglicherweise sogar besser sind als das vorgesehene Maximalziel. Man nennt solche Ergebnisse «Win-Win-Situationen», also Lösungen mit zwei Gewinnern. Formulieren Sie in der Vorbereitungsphase für sich mehrere Teilziele, die zu Ihrem einen übergeordneten Ziel führen, das Sie in einem Satz formulieren können. Sagen Sie sich, dass das Erreichen eines oder mehrerer dieser Teilziele für Sie bereits ein Erfolg wäre. So können Sie im Laufe des Gesprächs Teilziel um Teilziel verhandeln. Wichtig ist, dass Sie ein Minimalziel festlegen, unter das Sie in der Verhandlung nicht gehen - dass Sie also jene Punkte definieren, die für Sie absolut nicht verhandelbar sind. Bis zu diesem Minimalziel sind Sie ein guter, da flexibler Verhandlungspartner.

Das folgende Beispiel soll dieses Verhandlungsprinzip verdeutlichen: Nehmen wir an, Sie seien Vater einer Tochter, die in

Das Maximalziel soll höher liegen als Ihr eigentliches Ziel. So fällt es Ihnen leichter, im Verlauf der Verhandlung Zugeständnisse zu machen und sich kompromissbereit zu zeigen.

ZIELE AUF EINER LINIE

Teilziele müssen auf einer Linie vom Minimal- zum Maximalziel liegen. Prüfen Sie ausserdem, ob Sie Ihr übergeordnetes Ziel in einem einzigen Satz formulieren können. Gelingt das nicht, peilen Sie möglicherweise einen Strauss von unzusammenhängenden Zielen an. Das kann zu einer Verzettelung des Gesprächs führen und Ihren Gesprächspartner zur Frage bewegen: «Was wollen Sie eigentlich?»

jüngster Zeit zusammen mit anderen Mädchen vor und nach der Schule immer wieder von einer Gruppe Buben provoziert wird. Auch in der Pause sind Schikanen an der Tagesordnung. Es soll zudem schon vorgekommen sein, dass die Jungen ein Mädchen auf dem Heimweg verfolgt und massiv bedroht haben. Ihre Tochter hat mittlerweile Angst, den Schulweg allein zurückzulegen. Diesen Zustand wollen Sie nicht länger akzeptieren. Sie treffen die beiden Lehrer Ihrer Tochter zu einem Elterngespräch. Ihr Ziel für diese Verhandlung lautet: «Ich will, dass die Jungen die Schikanen sofort einstellen und dass sie von der Schule ausgeschlossen werden, wenn das nicht klappt.» Unterteilen Sie dieses Ziel in der Vorbereitung in detaillierte Teilziele. Damit Ihre Verhandlung erfolgreich sein kann, müssen diese zum übergeordneten Ziel führen. Teilziele könnten sein:

> Die Lehrpersonen knöpfen sich die fehlbaren Jungen vor und unterbinden das problematische Verhalten.
> Auf dem Pausenplatz wird die Aufsicht personell verstärkt.
> Die Schulleitung wird informiert.
> Es werden Sanktionen angedroht für den Fall, dass es weiterhin zu Vorfällen kommt.

Wenn Sie merken, dass Sie sich in einem oder mehreren Punkten durchsetzen wer-

VORBILD SCHWEIZERISCHE EIDGENOSSENSCHAFT

Das Schweizer Politsystem basiert auf der Verhandlungstaktik Maximalziel – Minimalziel: Zu Beginn eines Prozesses stellen ein Bundesrat oder eine politische Partei zunächst Maximalforderungen, im Bewusstsein, dass diese (höchst wahrscheinlich) nie erfüllt werden. Die Gegenseite bringt gleichzeitig ihre Vorstellung vor, die in ihrer Radikalität ebenfalls kaum eine Chance hat. Im Verlaufe des politischen Prozesses rückt dann jede Seite jeweils ein Stückchen von ihrer Maximalforderung ab, bis am Schluss beide Seiten – beziehungsweise alle involvierten Parteien – mit einer Vorlage leben können. Der Gegenvorschlag zum Beispiel, der jeweils als Antwort auf eine Initiative ausgearbeitet wird, trägt den Maximalforderungen der Initiative zumindest ein Stück weit Rechnung, worauf viele Initianten ihre Initiative zurückziehen – da sie einige ihrer Teilziele erreicht haben, sind sie zufrieden.

den, können Sie ohne Gesichtsverlust Hand zu einem Kompromiss bieten. Wenn Sie gar eine Lösung finden, die für alle Beteiligten stimmt, ist die Verhandlung erfolgreich verlaufen. Hören Sie aufmerksam zu, was Ihr Verhandlungspartner sagt – vielleicht hat er Vorschläge, auf die Sie noch nicht gekommen sind, die aber ebenfalls zu einer tragfähigen und für beide Seiten annehmbare Lösung beitragen.

Im obigen Beispiel könnte das Resultat etwa so aussehen: Die Pausenaufsicht wird neu von zwei Lehrpersonen statt einer einzigen übernommen (ein Teilziel von Ihnen). Die Eltern der Buben werden von den Lehrpersonen gemeinsam mit den Eltern der betroffenen Mädchen zu einem Gespräch eingeladen, in dem die Vorfälle thematisiert und Massnahmen besprochen werden (ein Vorschlag der Gegenseite). Die Schulleitung legt Sanktionen fest, welche schrittweise verschärft werden, sollte sich das Geschehen trotz aller Bemühungen wiederholen (ein Vorschlag der Gegenseite). Ein Schulausschluss ist erst eine Option, wenn alle anderen Massnahmen konsequent umgesetzt worden sind und nicht gefruchtet haben (Ihr Maximalziel).

Zeichnet sich ab, dass Sie einige Ihrer Teilziele erreichen, können Sie sich kompromissbereit zeigen.

3.2 Vorbereitung mit Umsicht

Eine gute Vorbereitung ist das A und O einer erfolgreichen Verhandlung. Neben Ihrem Maximalziel und den passenden Teilzielen brauchen Sie wohlüberlegte Argumente, um die Gegenseite von Ihrem Anliegen zu überzeugen.

Schreiben Sie Ihre Argumente am besten auf. So können Sie in Ruhe überprüfen, ob sie «wasserdicht» sind. Tun Sie dies mit einer Vertrauensperson oder mit einem Partner, der zusammen mit Ihnen am Verhandlungsgespräch teilnimmt. Es bringt nichts, mit völlig unrealistischen Forderungen in eine Verhandlung zu steigen, da lacht die Gegenseite Sie nur aus.

Denken Sie Ihre Argumente gut durch. Absurde Begründungen schaden Ihrer Glaubwürdigkeit.

Überlegen Sie bei der Vorbereitung auch immer, inwiefern die Gegenseite von einer Anregung profitiert, die Sie machen. Streichen Sie die Vorteile für die Gegenseite heraus. So erhöhen Sie die Akzeptanz für Ihre Vorschläge – das ist besser, als wenn Ihr Verhandlungspartner das Gefühl hat, nur Sie hätten einen Vorteil.

Argumente festlegen

Bleiben wir beim oben aufgeführten Beispiel des Elterngesprächs (Seite 83). Ihr Maximalziel lautete: «Ich will, dass die Jungen die Schikanen per sofort einstellen und dass sie von der Schule ausgeschlossen werden, wenn das nicht klappt.» Argumente für diese Forderung könnten sein:

> Die Lehrpersonen sind verantwortlich für die Sicherheit der Kinder auf dem Pausenplatz und in der Schule. Sie kennen die Kinder beziehungsweise die verschiedenen Cliquen am besten und wissen, von welcher Seite Ungemach drohen könnte.

> Lehrerinnen und Lehrer haben nicht nur einen Bildungsauftrag, sondern

eine gesamtgesellschaftliche Verantwortung, deshalb müssen sie dafür sorgen, dass Schikanen oder gar Gewalt unter Kindern unterbleiben. Ausserdem lernen Kinder in einem angstfreien Klima besser, und es herrscht mehr Disziplin im Unterricht. Davon profitieren auch die Lehrpersonen.

> Lehrpersonen haben Sanktionierungsmöglichkeiten wie Strafaufgaben, Verwarnungen, Schulausschluss. Deshalb ist es sinnvoll, wenn sie das Treiben beobachten und nötigenfalls eingreifen.
> Lehrpersonen sind Respektspersonen, sie können bei auffälligen Jugendlichen und deren Eltern mehr bewirken als die Mutter oder der Vater eines betroffenen Kindes.

Auf Widerspruch vorbereitet sein

Überlegen Sie sich in einem nächsten Schritt, was die Argumente der Gegenpartei sein könnten, und bereiten Sie sich auch auf diese vor.

Versuchen Sie, in Gedanken die Argumente der Gegenseite vorwegzunehmen, und überlegen Sie sich passende Antworten. So sind Sie auf Einwände bestens vorbereitet.

ÜBUNG: LUSTVOLLE STREITGESPRÄCHE

Auf Gegenargumente zu reagieren, können Sie in einem lustvollen Spiel zu zweit oder mit mehreren Personen üben. Nehmen Sie ein x-beliebiges Thema und beziehen Sie Position, indem Sie ein erstes Argument in die Runde werfen. Zum Beispiel Autobesitz: «Ich brauche ein Auto, denn nur so kann ich mich frei und unabhängig bewegen.» Darauf kontert Ihr «Gegenspieler»: «Das stimmt nicht, du bist genauso frei, wenn du dir für den Stadtverkehr ein Velo zulegst und für grosse Strecken den Zug nimmst. Für den Fall, dass du wirklich mal ein Auto brauchst, kannst du Mobility-Mitglied werden.» Jetzt sind wieder Sie am Zug: «Damit soll ich unabhängig sein? Bei der Bahn bin ich an Fahrpläne gebunden, bei Mobility muss ich reservieren – das hat doch mit Unabhängigkeit nichts zu tun. Ich meine wirkliche Unabhängigkeit – und die habe ich nur mit dem Auto, denn …»
Dieses Spiel können Sie so lange weiterspielen, bis einem von Ihnen die Ideen ausgehen. Gewonnen hat, wer am Schluss noch ein Argument hat. Probieren Sie es aus – das Spiel macht grosse Freude! Und Sie lernen dabei, spontan Argumente und Gegenargumente zu entwickeln.

Diese Arbeit setzt Einfühlungsvermögen voraus: Versuchen Sie sich vorzustellen, aus welcher Warte die Gegenpartei kontern könnte. Versetzen Sie sich dazu, um beim Beispiel von oben zu bleiben, in die Lage der Lehrpersonen.

> **Argument Lehrperson:** «Unser Auftrag ist die Bildung, wir können nicht auch noch die Erziehung übernehmen.»
> → **Gegenargument Eltern:** «Bildung kann nicht losgelöst von der Erziehung betrachtet werden. Zudem verbringen Lehrer viel Zeit mit den Kindern, da können sie sich nicht aus der Erziehungsverantwortung stehlen.»

> **Argument Lehrperson:** «Die Schule ist für das, was auf dem Schulweg passiert, nicht verantwortlich. Es ist Sache der Eltern, das in den Griff zu bekommen.»
> → **Gegenargument Eltern:** «Für die Geschehnisse auf dem Pausenplatz ist die Schule sehr wohl verantwortlich. Es wäre schon viel gewonnen, wenn die

ERFOLG MIT DER DREI-SCHRITTE-ARGUMENTATION

Ein hervorragendes Mittel, um die Gegenseite vom eigenen Anliegen zu überzeugen, ist die Drei-Schritte-Argumentation. Sie lässt nämlich – im Prinzip – keinen Widerspruch zu. Ein Beispiel aus dem Vereinsleben: Ein Vorstandsmitglied ist der Meinung, dass der Musikverein dringend neue Uniformen braucht. Er argumentiert folgendermassen:

«Wir suchen neue Mitglieder – da brauchen wir auch dringend neue Uniformen.
❶ Die alten Uniformen sind abgewetzt und sehen jämmerlich aus.
❷ Mit den abgewetzten Uniformen macht unser Verein einen verstaubten Eindruck.
❸ Ein verstaubter Eindruck ist schlecht, wenn wir junge Mitglieder gewinnen wollen.
Deshalb brauchen wir zuerst neue Uniformen, bevor wir auf Mitgliedersuche gehen.»

Und so gehen Sie vor: In einem Einstiegssatz formulieren Sie Ihr Ziel, das gleichsam Ihre Kernbotschaft ist. Danach entwickeln Sie in drei Schritten eine logische Argumentationskette, die zu diesem Ziel führt. Wichtig ist dabei: Jedes neue Argument muss auf dem vorangehenden aufbauen. Am Schluss formulieren Sie noch einmal Ihr Ziel, das die logische Schlussfolgerung Ihrer Argumentationskette sein muss.

Kinder in der Pause angemessen beaufsichtigt würden. Ausserdem sollten die Eltern der Jungen informiert werden.»

> **Argument Lehrperson:** «Ein Schulausschluss ist eine gravierende Sanktion und wird nur im äussersten Fall angewendet. Bei den Vorfällen hier wäre das völlig übertrieben.»
→ **Gegenargument Eltern:** «Gewalt und Schikanen dürfen nicht toleriert werden, sonst ufern sie aus. Bisher wurden die Vorfälle gar nicht geahndet. Es braucht jetzt ein deutliches Signal.»
usw.

Kompromissbereitschaft zeigen

Sie dürfen bei einem Verhandlungsgespräch, wie oben gezeigt, nie davon ausgehen, dass Sie alles, was Sie gerne erreichen würden, auch tatsächlich erreichen. Seien Sie deshalb flexibel, dann bewegt sich in der Regel auch die Gegenseite.
Sie können in einer Verhandlung schrittweise Zugeständnisse machen oder nach einer bestimmten Gesprächszeit Ihr Minimalziel präsentieren, um so auf eine allseits akzeptable Lösung hinzuarbeiten. Vielleicht sagen Sie im Verhandlungsgespräch mit den Lehrpersonen: «Gut, wenn Sie die Pausenaufsicht lückenlos und in doppelter Besetzung übernehmen und vor Schulbeginn beobachten, was vor dem Schulhaus passiert, dann bin ich bereits zufrieden.»

EINFÜHLUNGSVERMÖGEN HILFT

Signalisieren Sie während des Verhandlungsgesprächs immer wieder, dass Sie Verständnis für die Situation der Gegenseite haben. Denken Sie daran: Sich einzufühlen bedeutet nicht mitzuleiden – Sie können trotzdem Ihre Interessen vertreten. Vielleicht zeigt dann auch die Gegenseite plötzlich Verständnis für Ihre Situation. Sagen Sie zum Beispiel: «Ich kann Ihre Situation sehr gut nachvollziehen, die ist nicht einfach. Aber versuchen Sie sich auch einmal meine Situation vorzustellen.» Verständnis zu zeigen entspannt vor allem die Atmosphäre und ermöglicht so bessere Resultate.

Möglicherweise kommt Ihnen dann die Gegenpartei ebenfalls entgegen und sagt: «Und wir werden im Gegenzug ein Gespräch organisieren mit Ihnen und den Eltern der Jungen, bei dem wir das weitere Vorgehen inklusive Sanktionen festlegen.»

Wenn Sie nicht stur auf Ihrer Position beharren, sondern Flexibilität zeigen, dann wird die Gegenseite dies mit eigenen Zugeständnissen honorieren.

3.3 Reklamieren – aber richtig

Auch eine Kundenreklamation ist ein Verhandlungsgespräch, schliesslich möchten Sie etwas erreichen: bei einem mangelhaften Produkt oder einer falschen Information einen Ersatz oder eine Vergütung – und manchmal auch nur eine Entschuldigung.

Der Ton ist beim Reklamationsgespräch entscheidend: Treten Sie, selbst wenn Sie wütend oder enttäuscht sind, nicht aggressiv auf. Vermeiden Sie auch das Gegenteil, eine weinerliche «Jammeri»-Stimme: Niemand redet gerne mit einem selbsternannten Opfer. Bemühen Sie sich stattdessen um eine freundliche, aber entschiedene Haltung. Andernfalls signalisieren Sie Ihrem Gesprächspartner nur schon durch Ihren Tonfall, dass Sie der Ansicht sind, er habe absichtlich oder gar mutwillig gehandelt. Das kann bereits zu Beginn des Gesprächs für nachhaltige Irritation sorgen. Ihre Aussicht auf Erfolg ist grösser, wenn Sie Ihre Haltung der Tragweite des Ereignisses anpassen – ein kaputter Staubsauger ist kein Weltuntergang!

Am besten steigen Sie gleich mit einer ganz direkten Aussage in das Gespräch ein: «Guten Tag, ich habe eine Reklamation.» Das ist klar und unmissverständlich, und Ihr Gegenüber weiss, worauf es sich einstellen muss. Das kommt anders an, als wenn Sie sich entschuldigen und in Ihren Äusserungen diffus sind: «Guten Tag, Sie, ich hätte da etwas, was mich ein bisschen unzufrieden macht, also wissen Sie, ich hätte da schon mehr erwartet ...» usw.

Ein Reklamationsgespräch ist ein Verhandlungsgespräch, legen Sie deshalb für sich ein Ziel fest. Fragen Sie sich vorher: «Was will ich maximal erreichen?» Entscheiden Sie dann, mit welchem Minimalziel Sie auch noch zufrieden wären.

Überlegen Sie sich schliesslich eine solide Argumentationskette. Gut ist eine Drei-Schritte-Argumentation (mehr dazu siehe auch Seite 88):

«Ich möchte einen anderen Toaster.
❶ Bei diesem stand auf der Packung, dass man damit ‹Croques Monsieur› toasten könne, was für mich sehr wichtig war.

❷ Dieses Versprechen hat sich als unzutreffend erwiesen.
❸ Die Schlitze sind für zwei Brotscheiben mit Schinken und Käse dazwischen zu schmal.
Darum bitte ich Sie, mir einen anderen Toaster zu geben und diesen zurückzunehmen.»

Indem Sie noch einmal Ihre Erwartung formulieren und den Verkäufer an die abgegebenen Versprechen erinnern, machen Sie Ihre Enttäuschung nachvollziehbar. So lassen Sie dem Empfänger Ihrer Reklamation keine andere Chance, als Sie mit einem Ersatz, einer Vergütung oder mindestens einer Entschuldigung wieder zufriedenzustellen.
Überlegen Sie schliesslich rechtzeitig, was Sie tun werden, wenn Sie mit Ihrer Reklamation beim ersten Versuch nicht durchdringen. Seriöse Firmen legen Wert darauf, dass berechtigte Beanstandungen zur Zufriedenheit der Kunden und Kundinnen abgewickelt werden. Verlangen Sie ein Gespräch mit der Filialleiterin, schicken Sie der Geschäftsleitung einen Brief? Oder finden Sie sich damit ab, dass Sie nicht weiterkommen, weil Ihnen die Sache vielleicht doch nicht gar so wichtig ist? Wenn Sie wissen, wie weit Sie zu gehen bereit sind, und wenn Sie gar weitere Pfeile im Köcher haben, verleiht Ihnen dies zusätzliche Verhandlungssicherheit.

CHECKLISTE: SO VERHANDELN SIE ERFOLGREICH

- ☐ Bereiten Sie sich auf ein Verhandlungsgespräch gut vor.
- ☐ Legen Sie ein (zu hochgestecktes) Maximalziel fest.
- ☐ Formulieren Sie Teilziele, die zu diesem Maximalziel führen.
- ☐ Legen Sie ein Minimalziel fest, unter das Sie in der Verhandlung nicht gehen werden.
- ☐ Bereiten Sie Ihre Argumente vor, überprüfen Sie diese auf ihre Stimmigkeit. Überlegen Sie gleichzeitig, welche Vorteile der Gegenseite daraus erwachsen könnten.
- ☐ Überlegen Sie sich, welche Argumente die Gegenseite bringen könnte. Bereiten Sie entsprechende Gegenargumente vor.
- ☐ Zeigen Sie sich im Verlauf der Verhandlung kompromissbereit.
- ☐ Hören Sie auch auf die Argumente der Gegenseite, vielleicht ist darunter eines, das Ihnen nicht eingefallen ist und das ebenfalls zu einer tragfähigen Lösung führt.
- ☐ Verhandeln Sie Teilziel um Teilziel, gehen Sie nicht tiefer als bis zu Ihrem Minimalziel.
- ☐ Lenken Sie auf einen Kompromiss ein, wenn Sie Ihr Minimalziel erreicht haben.

4 Mit emotionalen Ausbrüchen klarkommen

Es ist so schnell geschehen: Ihr Kind beschädigt die Rosenhecke des Nachbarn, Sie fahren auf das Auto vor Ihnen auf, Ihr Hund verwüstet einen fremden Gemüsegarten … In einer solchen Situation herrschen erschwerte Bedingungen für ein Gespräch. Gelingen kanns trotzdem.

4.1 Schreck lass nach

Wenn zwei Menschen in einer Ausnahmesituation aufeinanderprallen, kann sich eine Auseinandersetzung schnell emotional hochschaukeln. Bauen Sie auch in einer brenzligen Situation mit einer klugen Gesprächsführung Vertrauen auf und sorgen Sie so für einen guten Verlauf.

Manchmal geht es schnell: Sie sind am Steuer eine Sekunde lang unkonzentriert, schauen im stockenden Verkehr statt auf die Strasse hinunter zum Radiogerät – prompt prallen Sie ins Heck des Fahrzeugs vor Ihnen. Ein klassischer Auffahrunfall. Je nach Gemütszustand der betroffenen Fahrerin, des betroffenen Fahrers verläuft die nun folgende Diskussion mehr oder minder laut, mehr oder minder emotional – und auch Ihnen bleibt kaum Zeit, sich wieder zu fassen.

DIE VIER PHASEN EINES EMOTIONALEN GESPRÄCHS

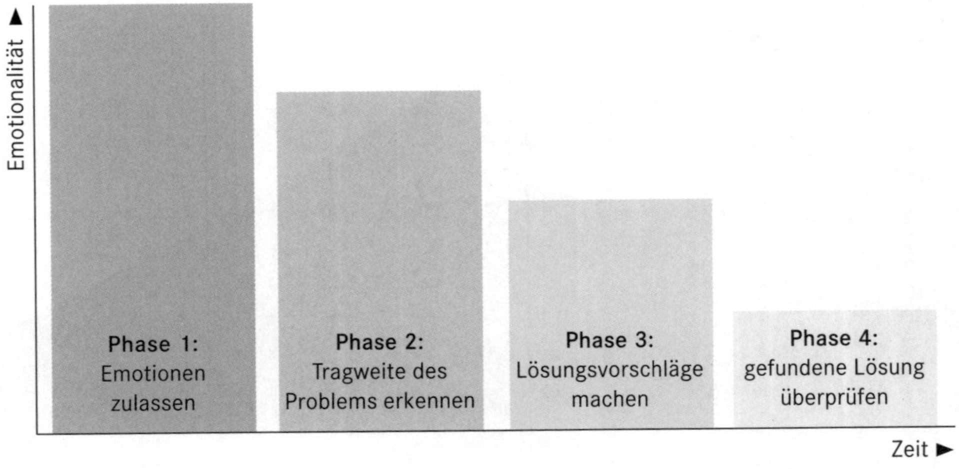

In einer emotional aufgeladenen Situation haben Sie nur wenig Zeit, das Vertrauen der anderen beteiligten Person zu erlangen. Versuchen Sie sich zunächst in ihre Situation zu versetzen.

Doch gerade jetzt hängt der weitere Verlauf entscheidend davon ab, wie Sie reagieren. Gelingt es Ihnen, in kurzer Zeit eine Vertrauensbasis zu schaffen? Dazu müssen Sie sich zunächst einmal in die andere Person hineinversetzen: Sie ist entweder erschrocken, wütend oder überfordert - oder alles gleichzeitig. Diese Gefühlsausbrüche sind Ausnahmezustände, also gehorcht auch das Gespräch anderen Regeln. Sie können es steuern, wenn Sie wissen, dass solche Unterhaltungen meist in vier Phasen verlaufen, und wenn Sie im richtigen Moment die Führung übernehmen.

Emotionen zulassen

Bleiben wir beim Beispiel mit dem Auffahrunfall und nehmen wir an, die betroffene Lenkerin reagiere sehr emotional. Sie fährt rechts heran, steigt aus dem Auto und legt, kaum hat sie den Schaden betrachtet, los. Sie als Unfallverursacher sind Person A, die andere am Unfall beteiligte Person ist im folgenden Gesprächsverlauf B.

Emotionales Gespräch - Phase 1

B: «Ja, zum Teufel, das ist ja unglaublich! Haben Sie keine Augen im Kopf? Sind Sie denn blind? Man darf doch wohl von einem erwachsenen Menschen verlangen, dass er beim Fahren auf die Strasse schaut! Was soll ich denn jetzt machen? Ich habe um zehn einen Termin beim Arzt, ich kann doch jetzt nicht stundenlang hier stehen und alles abklären. Aber den Schaden zahlen Sie, das ist Ihnen bewusst, oder? Oh Gott, oh Gott, mein Mann wird toben!»

Für Sie als Unfallverursacher ist es in dieser Situation ratsam, zunächst einmal ruhig zu bleiben und aufmerksam zuzuhören. Lassen Sie die Emotionen des Gegenübers zu. Wenn Sie jetzt etwas entgegnen - wenn Sie etwa den Schaden relativieren oder sich verteidigen -, verschlimmern Sie die Situation mit grosser Wahrscheinlichkeit nur. Stellen Sie in dieser Phase allerhöchstens Verständnisfragen.

Hören Sie in Phase 1 nur ruhig und aufmerksam zu - sagen Sie selber aber noch nichts.

Gestehen Sie Ihrem Gegenüber zu, dass es sich «austobt». Achten Sie gleichzeitig auf alle expliziten und impliziten Botschaften, also auf das, was ausdrücklich und was nicht ausdrücklich gesagt wird – diese Informationen sind für die zweite Phase des Gesprächs sehr wichtig.

Die Tragweite des Problems erkennen

Nach dem ersten Gefühlsausbruch sind Sie dran. Wichtig ist der richtige Zeitpunkt: Wenn Sie zu früh einsteigen und die andere Person noch immer sehr aufgeladen ist, kann der weitere Gesprächsverlauf nachhaltig gestört sein. Hören Sie auf Ihren Körper, Sie spüren, wenn die Spannung beim Gegenüber nachlässt. Übernehmen Sie jetzt in einem ruhigen, sachlichen Ton die Führung des Gesprächs.

Wenn Sie beim ersten Gefühlsausbruch aufmerksam zugehört haben, werden Sie auch vordergründig beiläufig geäusserte Hinweise registriert haben. Bei der Fahrerin des beschädigten Autos im obigen Beispiel gab es zwei Hinweise, die hellhörig machen: Sie hat «um zehn einen Arzttermin» – und sie hat offensichtlich Angst vor der Reaktion ihres Mannes, denn der wird «toben». Vielleicht gehört ihm das Auto, und er hat es seiner Frau nur widerwillig gegeben?

Sollten Sie während des ersten Gefühlsausbruchs noch nicht genug Hinweise erhalten haben, können Sie mit einigen gezielten Fragen herausfinden, wie schwer das Problem tatsächlich wiegt und wo es effektiv liegt.

Bieten Sie, wenn die Schuld offensichtlich bei Ihnen liegt, zunächst einmal Ihre Entschuldigung an, und beginnen Sie dann zu fragen:

Emotionales Gespräch – Phase 2 (1. Teil)

A: «Entschuldigen Sie bitte, es tut mir leid, dass mir das passiert ist. Wenn ich Sie richtig verstanden habe, haben Sie um zehn einen wichtigen Termin?»

B: «Ja, beim Arzt. Diesen Termin muss ich wahrnehmen, sonst muss ich wieder mindestens vier Wochen warten, der ist immer so ausgebucht. Und es handelt sich nicht um eine Routineuntersuchung.»

Spätestens jetzt wird deutlich, dass die Frau auch wegen des Arztbesuchs ziemlich aufgeregt ist. Vielleicht muss sie eine heikle

Hören Sie auch auf das, was die Gesprächspartnerin nicht ausdrücklich sagt. Es gibt in jedem Gespräch versteckte Hinweise, die wichtig sein können.

DIE EIGENE EMOTIONALITÄT THEMATISIEREN

Möglicherweise sind Sie in einer Situation wie der oben geschilderten auch selber emotional, weil Sie zum Beispiel über den Zusammenstoss mit einem anderen Fahrzeug erschrecken. Gönnen Sie sich eine kleine Auszeit, um sich wieder zu fassen. Sagen Sie Ihrem Gegenüber zum Beispiel: «Jetzt bin ich selber ganz durcheinander, ich kann im Moment noch kein sachliches Gespräch führen. Können Sie mir einen Augenblick Zeit geben?» Dieser Vorschlag verschafft Ihnen ein bisschen Luft und die Möglichkeit, sich zu beruhigen, bevor Sie die Gesprächsführung übernehmen.

Abklärung machen lassen, deren Ausgang ungewiss ist. Es reicht, wenn Sie das heraushören. Sie müssen Ihre Erkenntnis nicht ausdrücklich benennen, aber Sie können jetzt den weiteren Gesprächsverlauf entsprechend steuern.

Emotionales Gespräch – Phase 2 (2. Teil)

A: «Ja, dann scheint es mir wichtig, dass wir das hier möglichst schnell abwickeln, damit Sie den Termin nicht verpassen. Ist das Ihr Auto?»

B: «Nein, es ist das Auto meines Mannes, der heute Vormittag ausnahmsweise zuhause ist. Er braucht das Auto am Nachmittag wieder, er ist Vertreter, er kann nicht ohne Wagen sein.»

A: «Ich sehe, das ist gerade alles ziemlich kompliziert. Ich überlege mir, wie wir das am besten regeln, damit Ihnen und Ihrem Mann nicht noch weitere Umstände entstehen.»

B: «Wie wir das regeln? Wie wir das regeln! Sie regeln – ich muss jetzt gehen, ach Gott, ich werde den Termin verpassen. Und mein Mann wird wütend sein! Er sagte noch: Mach ja keinen Unfall! Du meine Güte, das wird alles sehr schwierig.»

Die Frau ist – verständlicherweise – noch immer sehr aufgewühlt. Jetzt kommt Phase 3 des Gesprächs, die Suche nach passenden Lösungen.

Lösungsvorschläge anbieten

Da Sie vermutlich nicht die gleichen Probleme haben wie die Frau, sind Sie in einer eindeutig stärkeren Position. Es ist deshalb an Ihnen, praktikable Lösungsvorschläge anzubieten.

Wenn Sie das Gespräch bis dahin umsichtig geführt haben, wenn Sie ein aufmerksamer Zuhörer waren und das nötige Einfühlungs-

Mit einem oder mehreren pragmatischen Lösungsvorschlägen zeigen Sie Ihren Willen, den Schaden wiedergutzumachen.

vermögen bewiesen haben, sollte das Vertrauensverhältnis jetzt so weit entwickelt sein, dass die Fahrerin des anderen Autos bereit ist, Ihnen zuzuhören und Ihre Lösungsvorschläge aufzunehmen.

Emotionales Gespräch – Phase 3

A: «Ich versuche nun, eine gute Lösung zu finden, so dass Sie nach diesem blöden Unfall nicht noch mehr Probleme haben. Ist Ihr Mann zurzeit zuhause?»

B: «Ja.»

A: «Wäre es möglich, dass wir ihn anrufen und ich ihm das Problem schildere? Dann weiss er, dass die Schuld bei mir liegt und dass Sie nichts dafür können. Dann könnten wir ihn vielleicht dazu bewegen, hierhin zu kommen, um alles Weitere zu regeln, so dass Sie in Ruhe zum Arzt gehen können.»

B: «Das ist unmöglich. Da, wo wir wohnen, gibt es nur jede Stunde einen Bus in die Stadt – bis der hier ist, ist mein Arzttermin schon lange vorbei.»

A: «Vielleicht könnte er ja ein Taxi nehmen, ich würde das selbstverständlich bezahlen. Und Sie können mit dem Tram oder auch mit einem Taxi zum Arzt fahren.»

SICHERHEITEN GEBEN

Geben Sie der anderen Person (überprüfbare) Sicherheiten, das fördert das Vertrauen:

> Geben Sie ihr Ihren Namen, Ihre Adresse. Zeigen Sie gegebenenfalls einen Ausweis.
> Übergeben Sie eine Visitenkarte.
> Geben Sie ihr Ihre Handynummer, lassen Sie die andere Person auf diese Nummer anrufen, dann hat sie die Kontrolle, und sie hat erst noch Ihre Nummer gespeichert.
> Wenn die Polizei nicht gerufen werden muss, füllen Sie beide gemeinsam das Europäische Unfallprotokoll aus.

B: «Ja, ja, und in der Zwischenzeit hauen Sie ab und das Auto bleibt hier stehen, nein danke!»
A: «Haben Sie keine Angst. Wenn Sie möchten, können wir auch die Polizei rufen, damit die so lange hier bei mir bleibt, bis alles geregelt ist. Ich gebe Ihnen aber auch gerne meinen Ausweis, damit Sie sehen, wer ich bin. Dann können Sie auch meine Autonummer aufschreiben – und wir können Ihren Mann gerne von meinem Handy aus anrufen, dann hat er schon mal meine Nummer. Wenn Sie den Arzttermin nicht verpassen wollen, müssen Sie mir natürlich schon ein bisschen vertrauen.»
B: «Sie haben Recht. Also – rufen wir jetzt als Erstes einmal meinen Mann an.»

Durch aufmerksames Zuhören, grosses Einfühlungsvermögen und taugliche Lösungsvorschläge haben Sie es geschafft, in kurzer Zeit das Vertrauen der Lenkerin zu gewinnen. Auf dieser Vertrauensbasis können Sie das Gespräch nun zu einem guten Ende führen.

Die Lösung festlegen und überprüfen

In der vierten und letzten Phase geht es darum, zu überprüfen, ob die Lösung für beide Seiten annehmbar ist. In einem emotionalen Gespräch ist es wichtig, dass die Person, die – zu Recht oder Unrecht – aufgebracht war, am Schluss nicht das Gefühl bekommt, übervorteilt worden zu sein. Die heftigen Emotionen mögen nach dem ersten Gefühlsausbruch zwar abgeklungen sein, auch mag das Vertrauen zu Ihnen hergestellt sein, doch ganz «verdaut» ist die Sache noch nicht zwingend. Stellen Sie deshalb sicher, dass die Lösung auch für die andere Seite gut ist – möglichst mit geschlossenen Fragen, damit Sie klare Antworten erhalten.

Die Lösung muss für beide Seiten stimmen. Überprüfen Sie mit gezielten Fragen, ob die andere Person einverstanden ist.

Emotionales Gespräch – Phase 4
A: «Denken Sie, dass wir so einen Weg gefunden haben, der für Sie und Ihren Mann in Ordnung ist?»
B: «Ja, ich glaube schon.»
A: «Meinen Sie, dass Sie jetzt noch rechtzeitig zu Ihrem Arzttermin kommen?»
B: «Ja. Vielleicht rufe ich von unterwegs kurz an, um zu sagen, dass es ein bisschen später wird.»
A: «Ich bin froh, dass wir alles so lösen konnten. Alles Gute beim Arzt – und Sie werden sehen, schon bald wird das

Auto Ihres Mannes wieder aussehen wie neu, ich habe nämlich eine gute Versicherung. Auf Wiedersehen.»

Das Vorgehen in den oben beschriebenen vier Phasen ist in allen Situationen anwendbar, in denen Sie «Verursacher» einer emotionalen Situation sind: Wenn der Nachbar aufgebracht zu Ihnen kommt, weil Sie auf Ihrem Balkon grillieren und seine Wohnung voller Rauch ist; wenn eine Mutter auf Sie als Lehrperson wütend ist, weil Sie ihre Tochter angeblich zu schlecht benotet haben; wenn Ihr Sohn mit dem Fussball das Wohnzimmerfenster des gegenüberliegenden Hauses eingeschlagen hat. Probieren Sie es aus – und denken Sie daran: Immer die Ruhe bewahren!

CHECKLISTE: SO BEWÄLTIGEN SIE EMOTIONALE SITUATIONEN

- ☐ Phase 1: Die andere Person muss ihren Emotionen freien Lauf lassen können.
- ☐ Bleiben Sie ruhig, hören Sie aufmerksam zu, achten Sie auf versteckte Botschaften und Hinweise.
- ☐ Phase 2: Entschuldigen Sie sich; probieren Sie, die Situation durch gezielte Fragen zu erfassen.
- ☐ Versuchen Sie, sich in die andere Person einzufühlen und die Tragweite des Problems zu erkennen.
- ☐ Phase 3: Machen Sie Lösungsvorschläge, die das Vertrauen fördern.
- ☐ Ihre Lösungsvorschläge müssen ehrlich und vernünftig sein. Machen Sie keine leeren Versprechungen. Geben Sie der anderen Person Sicherheiten (Telefonnummer, Adresse, Visitenkarte etc.).
- ☐ Phase 4: Überprüfen Sie, ob die Vorschläge für beide Seiten angemessen und annehmbar sind.

5 Reden in schwierigen Situationen

Menschen, die vor kurzem einen geliebten Angehörigen verloren haben, die Opfer einer Gewalttat wurden oder die soeben erfahren haben, dass sie an einer unheilbaren Krankheit leiden – diese Menschen stehen wahrscheinlich unter Schock und sind möglicherweise traumatisiert. Das macht Gespräche mit ihnen besonders anspruchsvoll.

5.1 Am Anfang steht der Vertrauensverlust

Wer etwas Schlimmes erlebt, dem zieht es den Boden unter den Füssen weg. Im Gespräch unmittelbar danach können Sie Betroffenen helfen, langsam wieder die Kontrolle über ihr Leben zu bekommen.

Unser ganzes Leben basiert auf Vertrauen. Das zeigt sich in ganz einfachen, alltäglichen Situationen: Beim Einschlafen vertrauen wir darauf, dass wir am nächsten Morgen noch leben und wieder aufwachen. Wir vertrauen darauf, dass der Wecker klingelt, so dass wir nicht verschlafen. Wir vertrauen darauf, dass der Boden unter unseren Füssen hält, wenn wir aus dem Bett steigen. Wir vertrauen darauf, dass die Menschen an der Bushaltestelle uns nicht niederschlagen oder ausrauben. Ohne dieses selbstverständliche Vertrauen könnten wir nicht leben, wir wären in ständiger Furcht.

Unser ganzes Leben basiert auf dem Vertrauen, dass die Dinge sind, wie sie sind.

Dieses Vertrauen gibt uns ein Gefühl von Sicherheit. Weil wir darauf vertrauen, dass unser Auto nicht auseinanderfällt, kontrollieren wir nicht jeden Morgen vor der Abfahrt, ob die Räder noch festgeschraubt sind. Weil wir darauf vertrauen, dass unser Haus bei Regen trocken bleibt, kontrollieren wir nicht jeden Tag, ob das Dach noch dicht ist. Diese Sicherheit gibt uns die Freiheit, unser Leben in weiten Teilen selber zu bestimmen.

Geschieht nun etwas Unvorhergesehenes, Schlimmes, wird unser Vertrauen aufs Schwerste erschüttert. Jemand, der soeben erfahren hat, dass er an einer unheilbaren Krankheit leidet, jemand, der durch Tod oder Trennung einen nahen Menschen verloren hat, jemand, der überfallen oder schwer verprügelt wurde – alle diese Menschen verlieren das Vertrauen darauf, dass alles ist, wie es immer war. Die Sicherheit ist mit einem Schlag weg, ebenso das Ge-

DER TRAUMABEGRIFF

Von Trauma spricht man, wenn ein Ereignis die Bewältigungsstrategien eines Menschen überfordert und er es folglich nicht angemessen verarbeiten kann. Ursachen können Gewalttaten, Naturkatastrophen, schwere Erkrankungen oder Unfälle sein, aber auch seelisch einschneidende Erfahrungen, etwa wenn ein Mensch mit dem nahen Tod konfrontiert ist. Ein Trauma kann aber auch ausgelöst werden, wenn einer nahestehenden Person etwas Schreckliches widerfährt oder wenn man Zeuge eines solchen Ereignisses wird. Traumata sind häufig begleitet von Gefühlen der Ohnmacht, der Hilflosigkeit und des Ausgeliefertseins.
Allgemeingültige Aussagen darüber, welche Ereignisse traumatisierend wirken, sind nicht möglich. Die gleiche traurige Nachricht, das gleiche schlimme Erlebnis kann den einen Betroffenen völlig aus der Bahn werfen, während der andere sich schnell wieder fasst. Das hat nichts mit «Stärke» oder «Schwäche» zu tun, sondern vielmehr mit Faktoren wie der persönlichen Geschichte, früheren Erlebnissen, dem aktuellen mentalen Zustand usw. Wenn Sie mit einem Menschen sprechen, der vor kurzem etwas potenziell Traumatisches erlebt hat, können Sie ihn bei der Bewältigung am besten unterstützen, wenn Sie Ihren Umgang seinen Reaktionen anpassen.

fühl, über das eigene Leben bestimmen zu können.
Das führt bei den Betroffenen zu Gefühlen der Ohnmacht. Wenn Sie sich dies vor Augen halten, fällt es Ihnen leichter, mit Menschen in Not Gespräche zu führen.

Wer unvorbereitet etwas Tragisches erlebt hat, der erleidet einen Vertrauensverlust und fühlt sich schutzlos ausgeliefert.

5.2 Halt geben

Manche Menschen müssen über ihre Schicksalsschläge reden können, anderen verschlägt es im wahrsten Sinne des Wortes die Sprache. Auf jeden Fall brauchen traumatisierte Menschen Halt – und das Gefühl, ihr Leben wieder in den Griff zu bekommen.

Viele Menschen, die ein schreckliches Erlebnis hinter sich haben, möchten darüber reden, oft immer und immer wieder. Sie möchten ihr Schicksal mitteilen, es gleichsam mit anderen Menschen teilen. Über das Unfassbare zu reden, es in Worte zu fassen, macht das Vorgefallene greifbar – und damit vielleicht auch besser verkraftbar.

Hören Sie einem Menschen, der Ihnen sein schreckliches Erlebnis schildert, aufmerksam zu – auch wenn er es immer und immer wieder erzählt.

Aus diesem Grund ist es wichtig, dass Sie zunächst einmal ein guter Zuhörer, eine gute Zuhörerin sind – jemand, der da ist und im wahrsten Wortsinn aufnimmt, was die traumatisierte Person erzählt. Dabei spielt es keine Rolle, ob Sie dieses Gespräch nun von Berufes wegen oder privat führen.

Es kann auch sein, dass jemand unmittelbar nach einem schlimmen Ereignis einfach schweigen will. Auch diese Reaktion ist «richtig» und muss respektiert werden. Versuchen Sie nicht krampfhaft, die Stille zu durchbrechen. Sie können auch einfach da sein und so Präsenz zeigen.

Geben Sie jemandem, der etwas Schlimmes erlebt hat, Halt durch Führung.

Ob jemand nun unbedingt reden oder lieber schweigen will – Menschen, denen es den Boden unter den Füssen weggezogen hat, brauchen als Erstes wieder Halt. Wenn Sie den geben können, gewinnt Ihr Gegenüber seine Sicherheit zurück. Das Gefühl, selber

DIE PHASEN NACH DEM TRAUMATISCHEN ERLEBNIS

Nach einer traumatischen Erfahrung durchleben Betroffene verschiedene Phasen. Unmittelbar nach dem Erlebnis (und bis zu einigen Wochen danach) spricht man von der «Belastungsreaktion». In dieser Phase kann es zu erhöhter Schreckhaftigkeit, Schlafstörungen, Reizbarkeit, Wutausbrüchen und Konzentrationsschwächen kommen. Möglich ist auch ein sogenanntes Vermeidungsverhalten: Der Betroffene weicht allem, was ihn an das Ereignis erinnern könnte, aus. Normal sind auch Gefühl- oder Teilnahmslosigkeit. Für Ihr Kommunikationsverhalten in dieser Phase ist es wichtig, dass Sie über diese Reaktionen Bescheid wissen. Die eigentliche Verarbeitung, die Rückkehr zur Normalität, geschieht oft erst Wochen oder Monate nach dem Ereignis.

über das eigene Leben bestimmen zu können, stellt sich langsam wieder ein.

Sicher wie ein Bergführer

Wer etwas Schlimmes erlebt oder erfahren hat, steht auf unsicherem Gelände – wie jemand, der auf einem Hang steht, der ins Rutschen geraten ist. Um wieder das Gefühl der Sicherheit und Kontrolle zu bekommen, brauchen diese Menschen Führung. In unsicherem Gelände kann es zum Beispiel ein Bergführer sein, der sie zurück auf sicheres und vertrautes Terrain führt. An einen Bergführer werden einige Erwartungen gestellt:

- > Er muss die Führung übernehmen.
- > Er muss klare Anweisungen geben.
- > Er muss den Weg kennen.
- > Er darf nicht unsicher sein.
- > Er muss geduldig sein.
- > Er muss Verständnis für die Unsicherheit der geführten Person zeigen.
- > Er muss an heiklen Stellen fragen, ob die geführte Person sich imstande fühlt, hier durchzugehen, oder ob sie lieber einen anderen Weg wählen würde.

Genau die gleichen Ansprüche werden an Sie gestellt, wenn Sie mit einer Person reden, die etwas Schreckliches erlebt hat. Diese Person will Ihnen vertrauen und sich auf Sie stützen können. Mit einer geschickten Gesprächsführung können Sie ihr den so dringend benötigten Halt geben.

Als gesprächsführende Person müssen Sie das Zepter in die Hand nehmen – Ihr Gegenüber erwartet das von Ihnen.

WECKSIGNAL NAME

Sprechen Sie einen Menschen, der soeben etwas Schlimmes erlebt hat, immer wieder mit seinem Namen an: So zeigen Sie ihm, dass Sie bei ihm sind und ihn führen. Verunsicherte Menschen wissen oft nicht, wo ihnen der Kopf steht - sie brauchen dieses gelegentliche «Wecksignal», um die Orientierung wieder zu bekommen.

Wie der Bergführer, der seinem Gast manchmal lange Zeit schweigend vorausläuft, brauchen auch Sie mit einer traumatisierten Person nicht dauernd zu reden. Vielleicht hat Ihr Gegenüber das Bedürfnis, zu schweigen, und ist ganz einfach froh, dass Sie da sind.

Gezielte Fragen

Oft will und muss eine Person nach einem einschneidenden Ereignis in einer ersten Phase immer und immer wieder davon erzählen, weil sie es nur so irgendwann einordnen kann. Stellen Sie im Gespräch unmittelbar nach dem Ereignis deshalb am besten sogenannte W-Fragen. Diese erlauben es, die Geschehnisse am einfachsten nachzuerzählen: Was (ist geschehen)? Wo (ist es geschehen)? Wie (ist es geschehen)? Wer (war beteiligt)? Warum (ist es geschehen)?

Gezielte Fragen helfen, das Unfassbare fassbar zu machen.

Traumatisierte Personen sind im ersten Schock im Denken und Handeln meist stark eingeschränkt. Sie wissen nicht, wo ihnen der Kopf steht, und können keinen klaren Gedanken fassen.

Deshalb sind vor allem Fragen geeignet, die die Antwortmöglichkeiten eingrenzen, zum Beispiel: «Was genau ist geschehen?» oder «Was möchtest du als Nächstes tun?» Dies sind im Prinzip offene Fragen, die ein weites Feld eröffnen. Mit den Wörtern «genau» und «als Nächstes» werden die möglichen Antworten aber eingegrenzt. Damit verhindern Sie, dass Ihr Gesprächspartner zusätzlich überfordert wird.

Stellen Sie einer verunsicherten Person nie mehrere Fragen auf einmal. Mit einer Frage wie «Möchtest du gerne spazieren gehen, oder willst du dich lieber ein bisschen hinlegen oder einen Kaffee trinken?» verlangen Sie zu viel auf einmal. Stellen Sie besser nur einfache und konkrete Fragen, und diese nacheinander: «Möchtest du lie-

Für eine Person, die den Boden unter den Füssen verloren hat, ist es unmittelbar nach dem Ereignis schwierig oder sogar unmöglich, Entscheidungen zu fällen. Mit ihr zu reden bedeutet deshalb auch, sie in ihren Entscheidungen zu führen. Das gelingt durch die Wahl der richtigen Worte beziehungsweise der richtigen Fragen.

ber allein sein?», «Soll ich hier bleiben?», «Möchtest du lieber eine andere Person hierhaben?», «Wen? Deine Mutter?» Am besten, Sie sehen es aus den Beispielen, sind in dieser Situation geschlossene Fragen, also Fragen, die als Antwortmöglichkeit nur ein Ja oder ein Nein zulassen.

Klare Anweisungen

Seien Sie in Ihren Äusserungen klar und unmissverständlich, wenn Sie mit einer traumatisierten Person reden. Vermeiden Sie Unklarheiten und schwammige Formulierungen, denn sie verunsichern zusätzlich. Stellen Sie sich zum Beispiel vor, bei Ihrer Freundin Caroline sei eingebrochen worden. Sie hat Sie angerufen mit der Bitte, ihr beizustehen. Nun steht sie vor ihrem Haus auf der Strasse, wo sie auf Sie gewartet hat. Die Polizei hat soeben die Spurensicherung abgeschlossen und sich verabschiedet. Es ist nachvollziehbar, dass Caroline stark verunsichert ist und nicht weiss, was sie jetzt machen soll. Es braucht deshalb Ihre klare Anweisung: «Caroline, wir gehen jetzt zurück ins Haus.»

Eine stark verunsicherte Person braucht klare Handlungsanweisungen. Wenn Sie sie Ihre eigene Unsicherheit spüren lassen, wird dies ihre Situation verschlimmern statt verbessern.

Damit ist Ihrer Freundin mehr gedient, als wenn Sie selber unsicher sind: «Ich weiss gar nicht, was wir jetzt tun sollen. Ob es wohl gut ist, bereits wieder ins Haus zu gehen – ja, vielleicht wäre das gut, aber ich weiss gar nicht …» Diese unklare Äusserung hilft Ihrer Freundin nicht weiter. Sie muss von Ihnen wissen, was jetzt zu tun ist, selber kann sie das nicht entscheiden. Geben Sie ihr Sicherheit, indem Sie sie klar und unmissverständlich zur nächsten Handlung auffordern.

Begleiten aus herzlicher Distanz

Um einem verunsicherten Menschen eine Stütze zu sein, müssen Sie selber im wahrsten Sinne des Wortes «stark» bleiben. Aus diesem Grund dürfen Sie sich nicht allzu

KEINE VORWÜRFE, KEINE WERTUNGEN

Relativieren oder werten Sie nie die Erlebnisse einer Person, die etwas Schreckliches hinter sich hat. Wenn sie davon erzählt, wäre es zum Beispiel höchst unangebracht, zu sagen: «Na, so tragisch ist das nun auch wieder nicht!» oder «Es gibt Menschen, die haben schon viel Schlimmeres erlebt, komm schon». Verzichten Sie auch auf Floskeln wie: «Kopf hoch, das wird schon wieder!» oder «Halt die Ohren steif!» Solche Relativierungs- und Trostversuche kommen im Normalfall nicht gut an, denn für die betroffene Person sieht die Realität anders aus – ihr fehlt jede Zuversicht. Sie wird sich bei solchen Aussagen unverstanden fühlen, was einem positiven Gesprächsverlauf abträglich ist. Vielleicht bewertet sie selber das Erlebte dereinst mit ein bisschen Abstand auch als weniger schlimm, aber es liegt einzig und allein an ihr, diese Neubewertung vorzunehmen – und nicht an Ihnen.
Das Gleiche gilt für Belehrungen oder sogar Vorwürfe: Jemand, der gerade ein schwieriges Erlebnis verkraften muss, will nicht hören, dass es «ja so hat kommen müssen». «Ich habe dir ja immer gesagt, du sollst nicht zu dem ins Auto steigen!» oder «Habe ich dich nicht schon längst davor gewarnt, dass er einen schwierigen Charakter hat?» sind denkbar ungünstige Reaktionen und beeinträchtigen das Vertrauen in Sie. Sie dürfen davon ausgehen, dass die betroffene Person selber weiss, was ihr Anteil am Unglück ist, beziehungsweise dass sie sich frühestens dann damit auseinandersetzt, wenn der erste Schock vorbei ist.

sehr in die Gefühlslage der anderen Person hineinziehen lassen.
Das gelingt Ihnen am besten durch eine einfühlsame (empathische) Gesprächsführung (siehe auch Seite 62). Versuchen Sie sich vorzustellen, wie es Ihrem Gegenüber in seiner Situation wohl gehen könnte – ohne dass Sie sich aber anmassen zu wissen, wie es ihm wirklich geht. Das bedeutet nicht, mitleiden zu müssen (also Mitleid zu haben), sondern nur, sich in die Situation der anderen Person einzufühlen. Leiden Sie nämlich zu sehr mit, sind Sie keine Hilfe mehr. Halt bekommt jemand, der den Boden unter den Füssen verloren hat, nur

Versuchen Sie sich in die andere Person hineinzuversetzen, ohne sich von ihrer Verfassung «anstecken» zu lassen.

durch ein Gegenüber, das mit beiden Beinen fest auf dem Boden steht.

Als die Person, welche die Führung innehat, müssen Sie jederzeit genug Distanz haben, um Entscheidungen fällen und klare Anweisungen geben zu können.

Das Gegenüber nie bedrängen

Auch wenn eine Person kaum handlungsfähig ist, soll sie an gewissen Punkten selber entscheiden können, wie weit sie gehen möchte. Um das Bild des Bergführers noch einmal aufzunehmen: Wenn er die Person, der der Hang unter den Füssen weggerutscht ist, zurück auf sicheres Gelände führen will, muss er sie bei besonders heiklen Passagen fragen, ob sie da durchzugehen bereit ist oder ob sie lieber einen anderen Weg suchen möchte. Das erlaubt der geführten Person, die Kontrolle zurückzugewinnen.

Ihre Gesprächspartnerin darf sich durch Ihre Fragen nie bedrängt fühlen. Sie muss jederzeit selber entscheiden können, ob sie antworten will oder nicht.

Auf Ihre Gesprächsführung übertragen bedeutet das: Lassen Sie Ihrer Gesprächspartnerin jederzeit die Freiheit, keine Auskunft zu geben. Das können Sie tun, indem Sie sie fragen, ob sie über ein Thema reden möchte oder nicht: «Möchtest du mir erzählen, wie es war, als …?» Das gibt ihr auch das Vertrauen, dass Sie nicht weiter gehen, als sie es möchte.

Stimmungsschwankungen aushalten

Gespräche mit Menschen in einer emotionalen Ausnahmesituation sind heikel. Die Gefühlslage Ihrer Gesprächspartnerin kann sehr schnell – aus vordergründig vielleicht nicht oder nur schwer nachvollziehbaren Gründen – kippen. Es kann sogar sein, dass sie Sie angreift.

Haben Sie Verständnis für alle Reaktionen, die von einer traumatisierten Person kommen – sie kann ihre Gefühle nicht kontrollieren.

Versuchen Sie, etwaige Angriffe nicht persönlich zu nehmen. Dass traumatisierte Menschen ihr Gegenüber manchmal ohne ersichtlichen Grund angreifen, ist die völlig natürliche Reaktion von jemandem, der soeben die Kontrolle verloren hat.

VORBILD KAMPUSCH-INTERVIEW

Ein Musterbeispiel für den Umgang mit traumatisierten Menschen lieferte der österreichische Fernsehjournalist Christoph Feurstein, der im Jahr 2006 als erster Journalist für verschiedene Fernsehsender die damals 18-jährige Natascha Kampusch interviewte. Kampusch war kurz zuvor ihrem Entführer Wolfang Priklopil entkommen, der sie acht Jahre im Keller seines Hauses in Wien gefangen gehalten hatte. Nach ihrer Flucht war sie schwer traumatisiert. Sie wurde deshalb von mehreren Psychologen intensiv betreut und vor den Medien so gut wie möglich abgeschirmt. Journalist Feurstein, der über den Fall Kampusch während Jahren immer wieder berichtet hatte, genoss offensichtlich das Vertrauen von Kampuschs Familie und den Psychologen. Er wurde deshalb dazu bestimmt, das erste Interview mit der jungen Frau zu führen.
Feurstein näherte sich seinem Interviewgast auf sehr einfühlsame Weise. Nie bedrängte er die junge Frau, immer liess er ihr auch die Möglichkeit, über ein Thema nicht zu reden. So leitete er praktisch alle Themenblöcke ein mit Formulierungen wie: «Möchten Sie uns erzählen ...?», «Möchten Sie darüber berichten ...?» und «Möchten Sie darüber reden, wie ...?» Das brachte ihm in Journalistenkreisen zunächst viel Kritik ein. Er habe seine Fragen «zu wenig hart, zu wenig klar, zu schwammig» formuliert. Allerdings war dies der Situation, in der sich das Entführungsopfer Kampusch befand, sehr angemessen. Heute gilt das Interview von Christoph Feurstein mit Natascha Kampusch als gelungenes Beispiel für ein einfühlsames Gespräch, und es wird angehenden Journalistinnen und Journalisten an vielen Journalistenschulen als Lehrbeispiel gezeigt.

Ein Gespräch mit einer Person, die soeben etwas Schlimmes erlebt hat, kann durch ganz verschiedene Phasen gehen.

Das folgende Beispiel veranschaulicht die vielen verschiedenen Gefühlslagen, die ein Gespräch mit einem traumatisierten Menschen prägen. Stellen wir uns eine Unterhaltung vor zwischen der Pflegefachfrau Sarah Peter (P) und der Patientin Bernadette Meister (M). Frau Meister wurde bei einem Verkehrsunfall mittelschwer verletzt, ihr Lebenspartner, der das Auto lenkte, kam ums Leben. Schuld am Unglück war der Fahrer eines entgegenkommenden Wagens, der die Herrschaft über sein Fahrzeug verloren hatte. Er blieb unverletzt.

Gespräch mit einer traumatisierten Person – Einstieg
P: «Frau Meister, wie geht es Ihnen?»
M: «Schlecht, sehr schlecht. Ich kann noch immer nicht glauben, was passiert ist.» ***(Sie beginnt zu weinen.)***
P: «Das kann ich mir gut vorstellen, es ist auch fürchterlich, was geschehen ist. Möchten Sie gerne darüber reden?»
M: «Nein. Doch, ja. Ich weiss auch nicht, ich kann überhaupt keinen klaren Gedanken fassen. Es ist so schlimm.» ***(Sie weint weiter, jetzt etwas heftiger.)***
P *(legt den Arm um die Schulter von Frau Meier)*: »Ja, es ist wirklich schlimm.»
M: «Warum? Warum nur mussten wir ausgerechnet in diesem Moment durch diese Strasse fahren? Warum? Wären wir nur eine Sekunde später gefahren, wäre das nicht passiert.» ***(Sie schluchzt.)***
P: «Nun, sich das zu fragen bringt jetzt wahrscheinlich auch nicht mehr viel.»
M: «Warum soll das nichts bringen? Sie haben niemanden verloren, Sie müssen sich das nicht fragen! Sie haben doch keine Ahnung!»

Sarah Peter will Trost spenden und verhindern, dass die Patientin sich mit Fragen quält, die ohnehin zu keiner Antwort führen. Für die Patientin scheint dies ein unzulässiger Übergriff zu sein, weshalb sie so heftig reagiert.

Vorsicht: Der Versuch, Trost zu spenden, kann manchmal falsch aufgefasst werden, etwa als Einmischung oder als Übergriff.

Das muss die Pflegefachfrau erkennen – und vor allem: Sie darf sich nicht angegriffen fühlen. Würde das geschehen, könnte der weitere – ungünstige – Gesprächsverlauf zum Beispiel so aussehen:

(misslungen) **Gespräch mit einer traumatisierten Person – Fortsetzung 1**
P: «Aber sicher habe ich eine Ahnung – Sie wissen nicht, wie viele Leute hier schon in einer ähnlichen Situation waren wie Sie. Und natürlich habe ich auch schon Menschen verloren, die mir nahestanden.»
M: «Aber nicht Ihren Lebenspartner! Nicht in einer so schlimmen Situation! Sie haben doch keine Ahnung!»

Das Gespräch könnte jetzt leicht in einen Streit ausarten, was denkbar unglücklich wäre. Besser ist es, wenn die Pflegefachfrau sich auf den Standpunkt stellt, dass sie wirklich nicht weiss, wie Frau Meister jetzt gerade zumute ist – was ja auch stimmt, sie kann es sich nämlich nur vorstellen. Ihre Antwort könnte also so lauten:

(gelungen) **Gespräch mit einer traumatisierten Person – Fortsetzung 1**
P: «Das stimmt, ich habe wirklich keine Ahnung, ich kann nur probieren, mir vorzustellen, wie Sie sich jetzt gerade fühlen.»

Jetzt kann Sarah Peter versuchen, das Gespräch zu kanalisieren, indem sie die Führung übernimmt. Sie kann der Patientin, die sich in einem grossen inneren Chaos befindet, mit gezielten Fragen Leitplanken anbieten und sie zum Beispiel mit einer geschlossenen Frage auf die Gefühlslage dem Unfallverursacher gegenüber ansprechen. Das könnte der Patientin helfen, sich ihrer Emotionen bewusst zu werden:

Gespräch mit einer traumatisierten Person – Fortsetzung 2
P: «Empfinden Sie Wut auf den Fahrer des anderen Fahrzeugs?»
M: «Ja. Unglaublich grosse Wut. Er hat meinen Freund umgebracht. Ach, mein Gott, er hat es ja sicher nicht mit Absicht getan, aber trotzdem – ich muss doch auf jemanden wütend sein können, nicht?»
P: «Aber natürlich, das ist auch völlig in Ordnung. Möchten Sie mir erzählen, was genau geschehen ist?»
M: «Ja. Also …»

Die Patientin erzählt. Im Verlaufe ihrer Schilderungen kommt es zu einer nächsten schwierigen Situation: Für die Pflegefachfrau wird es zu viel, die Erzählung von Bernadette Meister löst bei ihr ganz konfuse Gefühle aus.

Geben Sie sich nicht so tief in das Schicksal der betroffenen Person hinein, dass Sie selber anfangen zu leiden. Das überfordert die traumatisierte Person.

Sie denkt daran, wie es wäre, ihren eigenen Partner zu verlieren, und bekommt dadurch unglaubliches Mitleid mit der Patientin.

Gespräch mit einer traumatisierten Person – Fortsetzung 3
P: «Das ist ja schrecklich. Wenn ich mir jetzt gerade vorstelle, wie es wäre, wenn mein Partner sterben würde – fürchterlich. Oje, Sie tun mir so leid!»

M: «Jetzt weinen Sie meinetwegen, das ist mir nicht recht … Bitte hören Sie doch auf.»
P: «Ich stelle mir vor, wie es Ihnen gehen muss. Das ist ja schrecklich.»
M: «Ich komme schon irgendwann klar. Bitte lassen Sie mich jetzt allein.»

Indem sich die Pflegefachfrau von den Emotionen der Patientin mitreissen lässt, gibt sie die Gesprächsführung unvermittelt ab und lässt Bernadette Meister mit ihren Gefühlsstürmen allein. Das ist heikel, denn augenblicklich verliert die traumatisierte Person wieder den Halt. Sie reagiert jetzt möglicherweise mit einem Vorwurf oder mit Rückzug. Denn abgesehen davon, dass sie mit ihren eigenen Empfindungen klarkommen muss, fühlt sie sich jetzt auch noch verantwortlich für die Gefühlslage der Pflegefachfrau.

Das heisst nun nicht, dass die Pflegefachfrau mit der Patientin ein distanziertes oder sogar «kaltes» Gespräch führen muss. Im Gegenteil: Sie sollte sich wirklich vorzustellen versuchen, wie es der anderen Person in ihrer Situation ergehen könnte. Damit nimmt sie sehr wohl an deren Schicksal teil, ist aber gleichzeitig noch fähig, das Geschehene aus der Distanz zu beurteilen und die andere Person zu führen.

Das Beispiel zeigt: So anspruchsvoll es auch ist, Ihre eigenen Gefühle müssen im Gespräch mit einer traumatisierten Person ausgeklammert bleiben. Unterdrücken Sie sie nicht, aber suchen Sie nachträglich ein anderes, unbelastetes Gegenüber, um darüber zu reden und sie zu verarbeiten.

Sich einzufühlen bedeutet, sich in die andere Person hineinzuversetzen, aber gleichzeitig genügend Distanz zu wahren, um den nötigen Halt zu geben.

VORSICHT BEI BERÜHRUNGEN

Nicht alle Menschen mögen es, nach einem schlimmen Erlebnis in den Arm genommen oder auf eine andere Art berührt zu werden. Denken Sie daran: Jeder Mensch reagiert auf eine ausserordentliche Situation anders. Deshalb kann es gut sein, dass Sie heftig abgewiesen werden, wenn Sie einer traumatisierten Person die Hand auf den Arm legen. Sie empfindet das möglicherweise als massive Grenzüberschreitung, als unzulässige Annäherung. Wenn Sie Ihre Gesprächspartnerin in dieser Situation mit einem körperlichen Signal trösten wollen, fragen Sie sie, ob sie das will, sonst riskieren Sie eine nachhaltige Verstimmung.

5.3 Wieder herausfinden

Zu Ihrem Schutz ist es wichtig, dass Sie aus einem schmerzvollen Gespräch auch wieder herausfinden: zum Beispiel, indem Sie das Thema wechseln oder zusammen einen heiteren Moment geniessen.

Gespräche zu führen mit traumatisierten und zutiefst verunsicherten Menschen ist eine anspruchsvolle und ermüdende Aufgabe. Nur schon deshalb ist es wichtig, dass Sie sich schützen. Denn wenn Sie selber zu leiden beginnen, wird Sie dies belasten – abgesehen davon, dass Sie der anderen Person keine Hilfe mehr sind. Verlassen Sie deshalb ab und zu für eine «Verschnaufpause» das schwierige Thema und lockern Sie das Gespräch auf. Denn auch unglücklichen Menschen tut es gut, ab und zu über etwas anderes, Unverfängliches zu reden. Zum Beispiel über ihr ganz aktuelles Befinden, über ein schönes Erlebnis – oder über etwas Lustiges.

Die Gesprächsebene wechseln

Wenn Sie die reine Gesprächsebene zwischendurch verlassen und die Art der Kommunikation zwischen Ihnen und der anderen Person zum Thema machen, bedeutet das, dass Sie auf die Metaebene wechseln, also auf die Ebene «darüber» (mehr Informationen dazu finden Sie auf Seite 69). Das kann zum Beispiel heissen, dass Sie eine Beobachtung ansprechen, womit Ihr Gegenüber abgelenkt wird und sich vielleicht sogar auf eine andere, weniger schmerzliche Ebene führen lässt.

Wenn Sie etwa sagen: «Du weinst ja nicht mehr!», gibt das der anderen Person die Möglichkeit zu schildern, wie es ihr gerade geht. Auch die Frage «Wie geht es dir – jetzt, wo du mir alles erzählt hast?» führt auf die Metaebene, denn die Gesprächspartnerin kann ihre momentane Gefühlslage schildern.

Mit dem Satz «Ich sehe gerade, dass du lächelst» können Sie ebenfalls zu einem positiven Thema wechseln. Vielleicht hat Ihr Gegenüber eine lustige Beobachtung gemacht und würde sie gerne schildern. Mit Ihrer Bemerkung geben Sie ihm die Möglichkeit dazu.

AUCH RATSCHLÄGE SIND SCHLÄGE

Ein Mann in den besten Jahren erfährt vom Arzt, dass er eine unheilbare Krankheit hat und nicht mehr lange leben wird; eine Frau wird von ihrem Partner nach 15 Jahren Beziehung verlassen; ein Arbeiter verliert nach 35 Jahren Betriebszugehörigkeit «aus wirtschaftlichen Gründen» die Stelle: Sie alle verlieren den Boden unter den Füssen. Das Schlimmste, was diese Menschen jetzt zu hören bekommen können, sind Ratschläge.
Wenn Sie dem Mann mit der unheilbaren Krankheit sagen: «Das kommt schon wieder gut» oder: «Nimm es nicht so schwer, das muss ja noch nichts heissen», ist ihm wenig geholfen, denn seine Realität sieht anders aus. Versuchen Sie, sich in seine Situation einzufühlen. Fragen Sie dann nach: «Was hat der Arzt genau gesagt? Was bedeutet das konkret?»
Das Gleiche gilt für das Gespräch mit der Frau, die soeben verlassen wurde. Sie will nicht hören, dass «es noch andere Männer gibt auf dieser Welt» oder dass auch «dieser Schmerz vorbeigeht». Hören Sie ihr stattdessen einfach zu und übernehmen Sie mit der einen oder anderen Zwischenfrage die Gesprächsführung.
Dem Arbeiter schliesslich, dem nach 35 Jahren im Betrieb gekündigt wurde, hilft es nicht, wenn Sie ihm erklären, dass er jetzt «ein bisschen früher in Pension» gehen und «das Leben geniessen kann». Vielleicht bedeutete ihm seine Arbeit alles, und er kann sich nicht vorstellen, ohne zu sein. Geben Sie ihm deshalb zunächst einmal die Gelegenheit, das zu sagen, zum Beispiel, indem Sie ihn fragen, was die Entlassung für ihn bedeutet.

Lachen löst

Wenn Sie es erst geschafft haben, Ihre Gesprächspartnerin auf eine andere Ebene zu führen, bringen Sie sie vielleicht sogar zum Schmunzeln. Das kann bei Ihnen beiden sehr viel lösen.
Beobachten Sie den Gesprächsverlauf aufmerksam, versuchen Sie die Stimmung gut wahrzunehmen, vielleicht finden Sie den Einstieg in ein heiteres Thema. Auch dieses Vorgehen ist im weitesten Sinne ein Wechsel auf die Metaebene.

Auch die tragischste Situation hat manchmal eine komische Seite: Erzählen Sie zum Beispiel, wie Sie während der Beerdigung zwei ältere Damen, «echte Klatschweiber», beobachtet haben, die «über die Trauer-

Schildern Sie zwischendurch eine witzige Begebenheit oder eine lustige Situation, das löst die Spannung und heitert die Stimmung auf.

gesellschaft tratschten»: «Völlig daneben, aber irgendwie schräg. Ich glaube, die kamen nur zum Lästern - und wegen des Leichenmahls.» Eine solche Bemerkung entlockt der anderen Person vermutlich ein Lächeln - und bewirkt, dass es ihr besser geht.

Tragen Sie Sorge zu sich

Auch wenn die erste intensive Zeit nach dem schlimmen Ereignis vorbei ist, haben viele traumatisierte Personen nach wie vor grossen Gesprächsbedarf. Sie versuchen ja, das Ereignis zu bewältigen und wieder in die Normalität zurückzufinden. Sollten Sie in dieser Phase weiterhin als Gesprächspartnerin zur Verfügung stehen, brauchen Sie viel Geduld. Es ist gut möglich, dass die traumatisierte Person immer und immer wieder das Gleiche erzählt - obwohl Sie den Eindruck haben, es sei schon längst alles gesagt und es sei an der Zeit, einen Schritt weiterzukommen. Vor allem haben Ihre eigenen Gefühle, hat Ihr Alltag mit seinen kleinen und grossen Sorgen in diesen Gesprächen meist keinen Platz, weil Ihr Gegenüber möglicherweise immer noch ganz gefangen ist in seinem Erleben und nicht oder kaum auf Sie eingehen kann.

Deshalb ist es entscheidend, dass Sie gut zu sich Sorge tragen und sich nicht überfordern. Spannen Sie, wenn es Ihnen zu viel wird, weitere Freunde, Familienmitglieder oder Arbeitskolleginnen ein, damit die traumatisierte Person gut umsorgt ist, oder bitten Sie die Betroffene, professionelle Hilfe in Anspruch zu nehmen. Ein schlechtes Gewissen brauchen Sie deswegen keinesfalls zu haben, denn jemanden über längere Zeit zu begleiten kann äusserst kräfteraubend sein.

CHECKLISTE: SO FÜHREN SIE EIN SCHWIERIGES GESPRÄCH

- ☐ Geben Sie einer traumatisierten Person Halt, indem Sie sicher und bestimmt auftreten.
- ☐ Stellen Sie einfache, gezielte Fragen und hören Sie gut zu. Akzeptieren Sie es, wenn die betroffene Person keine Auskunft geben will.
- ☐ Helfen Sie, anstehende Entscheidungen zu treffen; drängen Sie aber nicht.
- ☐ Geben Sie klare Anweisungen.
- ☐ Werten Sie nie die Schilderungen der traumatisierten Person, geben Sie keine Ratschläge und sehen Sie von unpassenden Trostversuchen ab.
- ☐ Versuchen Sie, sich einzufühlen, ohne sich selber von Gefühlen überfluten zu lassen.
- ☐ Lockern Sie das Gespräch zwischendurch auf: mit Beobachtungen, Alltäglichem, einer amüsanten Bemerkung.
- ☐ Helfen Sie der betroffenen Person, eine Fachperson zu finden, wenn Sie an Ihre Grenzen stossen und keine Unterstützung mehr anbieten können.

6 Keine Angst vor Smalltalk

Lockere Plaudereien an einer Party oder einem Geschäftsanlass sind vordergründig banal – und doch fürchten sich viele Menschen so sehr davor, wie wenn sie zum ersten Mal im Leben auf Skis oben an einem Steilhang stünden. Dabei kann Smalltalken mit ein paar wenigen Kniffen richtig Freude machen.

6.1 Plaudern als soziales Ritual

Smalltalk ist eine unverfängliche Art, sich näherzukommen, und steht am Anfang von zahlreichen Geschäftsbeziehungen und Freundschaften. Als Grundsatz gilt: frisch drauflos, keine falsche Scheu – und mutig Fragen stellen.

«Ich bin einfach kein Smalltalker, ich kann nicht über banales Zeug reden.» Dieser Satz fällt immer wieder, wenn Menschen sich äussern zum «kleinen Gespräch» – so die wörtliche Übersetzung von Smalltalk. Aber wer sagt denn, dass man beim Smalltalk nur über «banales Zeug» reden kann? Mal ganz ehrlich: Geht es nicht eher darum, dass es Sie grosse Überwindung kostet, an einer Party auf unbekannte Menschen zuzugehen und mit ihnen ins Gespräch zu kommen?

Der Smalltalk hat an Gesellschaftsanlässen wie Premierenfeiern, Geburtstagspartys, Kundenanlässen von Firmen usw. eine wichtige Funktion. Über das lockere Geplauder kommt man mit Menschen in Kontakt, mit denen man sonst – zum Beispiel auf der Strasse oder im Einkaufszentrum – wohl kaum reden würde. Die Schwelle, um miteinander ins Gespräch zu kommen, ist bei solchen Gelegenheiten besonders niedrig, denn es sitzen ja alle im gleichen Boot.

Die Furcht vor dem Smalltalk ist meist weniger die Furcht vor dem Banalen als vielmehr die Scheu davor, auf wildfremde Menschen zuzugehen.

Fürchten Sie sich nicht vor dem Smalltalk: Es geht den anderen gleich wie Ihnen.

Niemand erwartet, dass an geselligen Anlässen weltbewegende Gespräche geführt werden. Dafür lernen Sie, wenn Sie die Smalltalk-Regeln beherrschen, viele Menschen kennen und entdecken dabei bestimmt den einen oder anderen, den Sie gerne wieder sehen würden oder mit dem Sie sich vorstellen könnten, beruflich etwas auf die Beine zu stellen. Unzählige Freundschaften und spannende Geschäftsverbindungen sind beim Smalltalken schon geknüpft worden. Solche Anlässe sind Networking-Anlässe - hier können Sie Ihr Netzwerk pflegen und erweitern. Also: Nutzen Sie die Chance und smalltalken Sie frisch drauflos!

So packen Sie es richtig an

Für den Smalltalk gibt es ein paar wenige, einfache Regeln. Wenn Sie diese beherrschen, gehen Sie «das kleine Gespräch» an der nächsten Party schon viel lockerer an. Ergreifen Sie die Gelegenheit und lassen Sie sich auch auf Menschen ein, die Sie nicht kennen.

Verlassen Sie sich nicht darauf, dass der Gastgeber viel Zeit hat, sich mit Ihnen zu unterhalten - er muss ja für alle Gäste da sein. Und es wird auch nicht gern gesehen, wenn Sie den ganzen Abend nur bei jenen Menschen stehen, die Sie schon kennen. «Wieso geht sie an ein Fest, wenn sie sowieso nur mit Bekannten zusammen ist?», werden die anderen denken. Gäste, die sich nicht «unters Volk mischen», wirken auf andere abweisend und ausschliessend; das kommt nicht gut an. Deshalb: Springen Sie über Ihren Schatten und knüpfen Sie Kontakte mit Fremden.

Wenn Sie besonders schüchtern sind: Setzen Sie sich zum Ziel, mit mindestens zwei (drei, vier ...) Personen lose Kontakte zu knüpfen. Danach dürfen Sie sich an bekannte Gesichter halten. So gehorchen Sie den sozialen Spielregeln, überfordern sich nicht und werden trotzdem Ihre Erfolgserlebnisse haben.

Die innere Einstellung zählt

Das Wichtigste, bevor Sie sich ins Partygetümmel stürzen: Überwinden Sie Ihre innere Scheu. Denken Sie daran: Es geht allen gleich wie Ihnen, alle stehen vor der Herausforderung, sich während der nächsten Stunden mit zum Teil wildfremden Menschen zu unterhalten. Verabschieden Sie sich vor allem von der Befürchtung, zu wenig zu den Gesprächen beitragen zu

Denken Sie nicht, dass nur die anderen Leute aufregende Geschichten zu erzählen haben - auch Ihre Meinung und Ihre Erlebnisse sind interessant.

können: «Alle können so gut reden und haben so viel Spannendes zu erzählen - was will ich denn da überhaupt?» Diese Einstellung ist keine ideale Voraussetzung für einen erlebnisreichen Abend.

Ihr Leben und Ihre Erfahrungen sind genauso spannend wie das Leben der anderen. Im Übrigen erwartet auch niemand von Ihnen die «grossen Storys». Ihre Geschichten sind höchstens dann fad, wenn Sie das selber finden und diese Haltung ausstrahlen oder - noch schlimmer - aussprechen: «Ach, wissen Sie, was ich zu erzählen habe, ist nicht so interessant.» Klar, dass sich

SO ERZÄHLEN SIE EINE GUTE GESCHICHTE

Es gibt Menschen, die muss man einfach bewundern: Sie erzählen auch die unbedeutendste Anekdote so spannend, dass die Zuhörerinnen und Zuhörer völlig fasziniert sind. Vielleicht ist der Erzähler ein Naturtalent, vielleicht befolgt er aber auch nur ein paar einfache Regeln - zum Beispiel die, nie zu Beginn schon die Pointe eines Witzes zu verraten. Hier ein paar Tricks, wie Sie meisterhaftes Erzählen schon beim nächsten Gespräch üben können:

> Steigen Sie spannend ein. Stellen Sie an den Beginn Ihrer Geschichte zum Beispiel eine Frage: «Haben Sie schon einmal erlebt, was passiert, wenn man eine Flasche Champagner zum Kühlen ins Gefrierfach legt - und sie dann vergisst?» Oder formulieren Sie eine Art Schlagzeile, die das Interesse der Umstehenden an Ihrer Geschichte weckt: «Sie glauben nicht, was ich gestern gesehen habe!» Oder knüpfen Sie ganz einfach an die Geschichte Ihrer Vorrednerin an - und spinnen Sie sie weiter: «Genau das ist mir auch passiert, aber bei mir ging die Geschichte leider nicht mit einem Happy End aus.» Damit gewinnen Sie die Aufmerksamkeit Ihrer Zuhörer und wecken die Lust auf mehr.

> Entwickeln Sie die Geschichte von Anfang an: Gute Geschichten werden linear erzählt, sie haben also einen Anfang und ein Ende. Sprunghaft erzählte oder lose aneinandergereihte Anekdoten oder Assoziationen funktionieren nicht. Lassen Sie Unwichtiges weg, machen Sie keine Umwege, die vom eigentlichen Erzählstrang wegführen - und verzichten Sie auf Details, die mit der Geschichte nichts zu tun haben.

> Steuern Sie auf einen klaren Höhepunkt zu: Eine Geschichte ist dann fertig, wenn sie ihren dramaturgischen Höhepunkt erreicht hat. Jetzt muss sich auflösen, was Sie zuvor umsichtig

dann kaum jemand für Ihre Anekdoten begeistern wird. Kommt dazu, dass Sie gar nicht viel von sich erzählen müssen – lassen Sie die anderen reden. Mit einer geschickten Frage- und Zuhörtechnik ist das kein Problem.

Wenn Sie Ihre Scheu überwinden und es schaffen, sich auf vielseitige Gespräche und Begegnungen zu freuen, dann strahlen Sie Offenheit aus. Das wirkt viel einladender, als wenn Sie verlegen mit Ihrem Weinglas in einer Ecke stehen und hoffen, dass niemand Sie erblickt. Dann wird man nämlich tatsächlich einen Bogen um Sie herum machen – und Sie werden sich einmal mehr darin bestätigt fühlen, eben doch keine interessante Gesprächspartnerin zu sein. Das soll Ihnen nie mehr passieren! Versuchen

aufgebaut haben. Ideal ist, wenn die Geschichte mit einer Pointe, einer komischen Wendung endet: «Und nachdem ich wirklich alles ausprobiert hatte, um den Computer wieder zum Laufen zu bringen, fiel mir plötzlich ein, dass ich am Morgen ja den Stecker herausgezogen hatte, weil ich noch staubsagen musste ...» Ganz gut ist eine zweite, dem eigentlichen Höhepunkt quasi nachgelagerte Pointe. Ein Beispiel: «Und dann sagte dieses Kind vor all den umstehenden Leuten: ‹So ist mein Vater eben!› – Und wissen Sie, wer der Vater des Kindes ist? Ich natürlich ...»

Zur Veranschaulichung hier ein kleines Beispiel. Es zeigt, dass auch banale Alltagsereignisse Stoff für eine spannende Geschichte liefern können:

«Gestern Abend hatte ich den Schreck meines Lebens! Ich kam nach Hause, schloss die Tür hinter mir zu und machte Licht. Ich freute mich auf einen entspannten Feierabend – mein Mann war im Fussballtraining und die Kinder blieben zum Abendessen bei Freunden. Plötzlich hörte ich im oberen Stock ganz eigenartige Geräusche. Ich bekam Angst. Befand sich ein Fremder in unserem Haus? Ich geriet völlig ausser mich und machte in meinem Schreck wohl alles falsch, was man falsch machen kann. Statt die Polizei zu rufen, ging ich in die Küche, holte eine schwere Bratpfanne und schlich leise nach oben. Da waren die Geräusche wieder! Jetzt hörte ich sie ganz deutlich, sie kamen aus einem der Kinderzimmer. Die Tür war nur angelehnt. Da nahm ich all meinen Mut zusammen, stemmte die Bratpfanne über meinen Kopf, stiess mit einem Fuss die Tür auf – und wissen Sie, woher die Geräusche kamen, vor denen ich mich so fürchtete? Von der Katze. Meine Tochter hatte sie im Kleiderschrank eingeschlossen, und sie miaute ganz jämmerlich!»

Sie sich auf die Begegnungen zu freuen, dann strahlen Sie Gesprächsbereitschaft aus. Öffnen Sie sich, schauen Sie die anderen Menschen an, lächeln Sie ihnen zu.

Der passende Einstieg

Sie stehen am Buffet und schöpfen sich Häppchen auf den Teller. Neben Ihnen steht jemand, der das Gleiche tut. Jetzt wäre es angebracht, etwas zu sagen - nur was? Diese Frage beschäftigt jeden Menschen in einer solchen Situation. Doch keine Angst: Das Einstiegsthema kann etwas ganz Naheliegendes sein, die grosse Auswahl auf dem Buffet zum Beispiel. Die Bemerkung «Ein wunderschönes Buffet!» reicht völlig, um das Eis zu brechen.

Suchen Sie nicht zu weit, um einen Gesprächseinstieg zu finden. Er liegt oft ganz nah.

ERSTE SÄTZE, DIE IMMER PASSEN

Haben Sie auch schon auf eine Unterhaltung mit einem sympathischen Menschen verzichtet, weil Sie keinen Einstieg gefunden haben? Hier eine Liste mit Einstiegssätzen, die - situativ angepasst - fast immer funktionieren. Probieren Sie es aus:

> «Spannendes Musikprogramm heute Abend.»
> «Interessantes Buffet - diese orientalischen Spezialitäten hatte ich noch nie.»
> «Entschuldigung, wissen Sie, ob man hier rauchen darf?»
> «Finden Sie es an solchen Anlässen auch immer so schwierig, mit wildfremden Menschen ins Gespräch zu kommen?»
> «Entschuldigung, Sie habe ich bei diesem Anlass noch nie gesehen. Darf ich mich vorstellen, mein Name ist ...»
> «Darf ich Sie fragen, aus welchem Grund Sie hier sind? Woher kennen Sie den Gastgeber?»
> «Ich habe gerade gesehen, dass Sie von draussen hereingekommen sind. Regnet es immer noch? Ich habe nämlich keinen Schirm dabei ...»
> «Können Sie beim Dessert auch nie widerstehen?»

Der Rest ergibt sich von selber: «Ja, das stimmt. Sind Sie zum ersten Mal hier?» - «Nein, ich war schon letztes Jahr dabei, damals fand der Anlass in einer viel kleineren Halle statt.» - «Ah, ja? Dann hat die Firma aber noch einmal mächtig zugelegt.» - «Das kann mal wohl sagen. Ich habe gehört, es seien jetzt 100 Leute mehr beschäftigt als noch vor einem Jahr.» Und schon sind Sie in ein Gespräch verwickelt, das entweder so lange dauert, bis beide die Teller voll haben, oder das am Stehtisch - möglicherweise um ein paar Leute erweitert - fortgesetzt wird, ganz wie Ihnen der Sinn steht.

Eine Bemerkung zum Ort, zum Anlass, zur Stimmung, zum grosszügigen Gastgeber: diese Themen eignen sich bestens als Einstieg in ein Gespräch.

Interesse zeigen, neugierig sein

Nach dem Einstieg entscheidet sich, ob die Unterhaltung sich weiterentwickelt oder nicht. Manchmal ist schon nach den ersten paar Worten klar, dass man das Gespräch nicht fortführen muss. Das ist in Ordnung, denn es gehört zu den sozialen Spielregeln an solchen Anlässen, dass Sie jederzeit weitergehen und sich mit anderen Leuten unterhalten können. Es reicht vollauf, sich zum Beispiel folgendermassen zu verabschieden: «Danke für das kurze Gespräch, ich habe mich gefreut, Sie kennenzulernen. Einen schönen Abend noch.» Oder: «Wenn ich mich entschuldigen darf - ich sehe da drüben gerade einen Bekannten, den ich schon lange wieder einmal treffen wollte.»

Smalltalks darf man jederzeit beenden. Oder - bei gegenseitigem Einverständnis - für den Rest des Abends fortsetzen.

Ist der Einstieg geschafft und die Neugier beidseits gross genug, um das Gespräch weiterzuführen, können Sie mit einem einfachen Trick die Gesprächsleitung übernehmen: Stellen Sie Fragen, interessieren Sie sich für das Gegenüber, hören Sie aufmerksam zu - das schafft eine gute Atmosphäre und hält das Gespräch in Gang. Und Sie erfahren möglicherweise viel Spannendes über Lebensbereiche, von denen Sie bis jetzt nichts gewusst haben. Zudem schützt dieses Vorgehen Sie davor, schon jetzt mit möglichst spannenden eigenen Geschichten aufwarten zu müssen.

Ein solches Gespräch zwischen Ihnen (A) und einem fremden Menschen (B) könnte zum Beispiel so verlaufen:

Smalltalk

A: «Schön dekorierter Saal.»

B: «Ja, sehr schön, das ist mir schon beim Hereinkommen aufgefallen.»

A: «Sind Sie jedes Jahr an dieser Veranstaltung?»

B: «Nein, ich bin zum ersten Mal hier, mein Arbeitgeber hat mich geschickt. Ich arbeite erst seit einem halben Jahr bei dieser Firma.»

A: «Was arbeiten Sie denn?»

B: «Ich bin Versicherungsagent.»

A: «Ah, dann können Sie mir sicher eine Frage beantworten, die mich schon länger beschäftigt: Jetzt, wo die Pensionskassen Probleme haben und nicht sicher ist, ob sie den Zins weiter halten können – würde es sich da lohnen, in eine Lebensversicherung zu investieren?»

B *(lacht)*: «Passen Sie auf, sonst verkaufe ich Ihnen gleich eine! Nein, im Ernst: Die Lebensversicherungen haben im Moment das gleiche Problem – sie leiden ebenfalls unter den schwachen Aktienkursen. Aber das ist nicht mein Spezialgebiet, ich verkaufe Autoversicherungen.»

A: «Das ist spannend. Meine Frau hatte gerade letzte Woche einen kleinen Auffahrunfall. Jetzt fürchtet sie, dass ihre Prämie angehoben wird.»

B: «Wie lange ist sie denn davor unfallfrei gefahren?»

GRENZEN ERKENNEN

Der Beruf des Gesprächspartners, der Gesprächspartnerin ist immer ein gutes Einstiegsthema. Wichtig ist allerdings, die Grenzen des Gegenübers zu erkennen: Vielleicht hat Ihr Gesprächspartner keine Lust, über seinen Job zu reden, sondern möchte an diesem Anlass ganz einfach einmal abschalten und über anderes sprechen. Auch dürfen Fragen zum Job niemals dazu missbraucht werden, eigene Probleme zu lösen (zum Beispiel im Gespräch mit Anwälten, Ärzten oder Versicherungsagenten). Konfrontieren Sie Ihren Gesprächspartner auch nie mit Klischees, abschätzigen Bemerkungen oder Vorurteilen: «Ah, Sie sind Banker. Dann wirds wohl dieses Jahr keinen so fetten Bonus geben?» oder: «Psychologe sind Sie? Dann sehen Sie jetzt sicher gerade ganz tief in mich hinein.»

A: «Sicher zwanzig Jahre.»
B: «Dann muss sie sich keine grossen Sorgen machen. Übrigens – darf ich Ihnen vorstellen, das ist meine Frau, Ursula Meier. Und entschuldigen Sie, ich habe mich ja auch noch nicht vorgestellt: Franz Meier.»
A: «Freut mich, Kurt Patzold. Und da kommt meine Frau. Mirjam, darf ich dir vorstellen, Ursula und Franz Meier...»

Und schon haben Patzolds und Meiers ein kleines Gespräch am Laufen, das sie unter Umständen von den Versicherungen zu den Ferienplänen, von den Ferienplänen zu der schwierigen Ferienplanung und wegen der unterschiedlichen Ferienzeiten der Kinder hin zu Erziehungsfragen führen wird.
Dieses Beispiel zeigt: Smalltalk muss nicht banal sein. Meiers und Patzolds werden, wenn das Gespräch weiterhin in einer so entspannten und angeregten Atmosphäre verläuft, nach Hause gehen und sich sagen: «Ein netter Abend. Es war interessant, diese Leute kennenzulernen.»

Smalltalk muss nicht banal sein...

Das Geheimnis des Smalltalks liegt, Sie haben es bemerkt, im Fragenstellen. Je nachdem, wie Sie fragen, sind auch tiefe und gehaltvolle Gespräche möglich, die eine Begegnung zu einer persönlichen Bereicherung machen können.

Die Qualität des Gesprächs hängt von Ihren Fragen ab. Seien Sie neugierig auf das, was die andere Person zu erzählen hat.

Ihre Fragen müssen nicht besonders «klug» oder «gescheit» sein, wie eine Bekannte mir gegenüber einmal ihre Befürchtung äusserte. Es reicht, wenn Sie Ihr Interesse an dem zeigen, was die andere Person macht. Fragen Sie zum Beispiel zuerst nach dem Beruf. Denn wir kennen zwar die meisten Berufe dem Namen nach, wissen aber häufig nicht genau, was jemand tagtäglich macht. Das gibt Ihnen die Gelegenheit, mit einer offenen Frage weiterzufahren, zum Beispiel: «Ah, Sie sind Gerichtsschreiberin? Das ist interessant. Ich weiss allerdings gar nicht genau, was das heisst. Wie sehen Ihre Aufgaben aus?» Das zeugt nicht nur von echtem Interesse an der Tätigkeit des Gegenübers (diese Frage stellt nämlich fast niemand), sondern gibt Ihnen auch die Möglichkeit, aufmerksam zuzuhören und weitere Fragen vorzubereiten.
Da Sie an einem Anlass nicht immer davon ausgehen können, dass alle Anwesenden erwerbstätig sind, können Sie die Frage nach der Tätigkeit Ihres Gesprächspartners auch unverbindlicher stellen: «Und was machen Sie, wenn Sie nicht an diesem Anlass sind?» Dann fühlen sich Hausfrauen und

Mütter, Rentner oder Stellenlose nicht zu einer Rechtfertigung gezwungen, weil sie keiner Erwerbstätigkeit nachgehen.

Ideal für die Weiterführung des Gesprächs sind Step-down-Fragen, Fragen also, die das Gegenüber auffordern, konkrete Beispiele zu schildern (mehr zu dieser Technik siehe Seite 69): «Heisst das konkret, dass Sie ...?», «Wenn ich mir das richtig überlege, sind Sie also die Person, die ...?» usw.

So wird ein Gespräch schnell gehaltvoll, auch wenn die Fragen einfach sind.

... aber er darf

Das heisst nun nicht, dass Smalltalk immer eine grosse Tiefe erreichen muss. Diese Beispiele wollen lediglich zeigen, dass auch bei Partygesprächen einiges drinliegt, ohne dass Sie für diese Gespräche unglaublich hochstehende Beiträge leisten müssen.

Smalltalk darf durchaus auch ganz banal sein, ein Geplänkel, bei dem sich Wortspiel an Wortspiel, Pointe an Pointe reiht. Es kann anregend sein festzustellen, dass ein wildfremder Mensch den gleichen Humor hat wie Sie. Können Sie sich beispielsweise vorstellen, dass auch ein Gespräch über das Wetter ganz spannend und witzig sein kann? Lästern Sie gemeinsam über den viel zu langen Winter, den nassen Sommer, den nebligen Herbst. Erzählen Sie sich, wie wetterfühlig Sie reagieren, was Ihnen dagegen hilft (Whisky? Mikroschläfchen? Fussbad?), wie der Vollmond Ihrer Meinung nach die Wetterlage beeinflusst usw. Ein solcher Austausch muss überhaupt nicht langweilig sein, auch wenn Sie schliesslich «nur über das Wetter» geredet haben.

Fast jedes Thema eignet sich für Smalltalk – erst recht, wenn es Ihnen gelingt, es humorvoll und geistreich abzuhandeln. An einem informellen Anlass muss nicht alles todernst sein.

Tabuthemen? Gibts nicht!

Drei Themen, so hört man allenthalben, seien für den Smalltalk tabu: Sex, Religion und Politik. Ich bin der Meinung: Das muss nicht sein. Allerdings sollten Sie auch bei diesen Themen einige Regeln beachten:

> Erzählen Sie nichts über Ihre persönlichen sexuellen Vorlieben, damit würden Sie einen Schritt zu weit gehen. Aber tratschen Sie nach Lust und Laune über Brad Pitt und Angelina Jolie, über Madonna und Britney Spears – und über deren Sexgeständnisse in der

Klatschpresse. Dann ist das Thema Sex überhaupt nicht verfänglich. Sie dürfen auch ohne rot zu werden über die Errungenschaften der sexuellen Revolution und Oswald Kolles Aufklärungsfilme reden, genauso wie darüber, dass Ihnen damals die Zeitschrift «Bravo» die Schamesröte ins Gesicht getrieben hat. Das sind allgemeine, wenig verfängliche Themen, über die alle ohne Hemmungen reden können.

> Machen Sie keine Witze über Religionen und Minderheiten. Es gilt: Judenwitze dürfen nur Juden, Schwulenwitze nur Schwule erzählen. Brechen Sie diese Regel, laufen Sie Gefahr, die Gefühle Anwesender zu verletzen. Des Weiteren sollten Sie nie über eine Glaubensrichtung an und für sich, sondern höchstens über deren irdische Vertreter lästern. Es ist etwas anderes, ob Sie den Katholizismus «verlogen» finden oder aber mit gewissen Äusserungen eines polarisierenden Bischofs Ihre liebe Mühe haben. Mit einer kritischen Bemerkung über einen Würdenträger laufen Sie weniger Gefahr, jemanden zu verletzen, als wenn Sie den Glauben eines Menschen in Frage stellen.

> Reden Sie über Politik – mit Lust! Auch hier gilt: Sie dürfen sich über Politikerinnen und Politiker auslassen (reden Sie immer von sich: «Ich finde diesen Politiker völlig daneben!»), Sie können über Sachthemen diskutieren («Ich finde es völlig falsch, dass man so viel Geld für diesen Tunnel ausgibt!»), aber Sie sollten nie über eine Partei herziehen. Das ist ähnlich, wie wenn Sie über eine Glaubensrichtung urteilen, und könnte entsprechend verletzend sein.

CHECKLISTE: SO SMALLTALKEN SIE RICHTIG

- ☐ Stellen Sie sich positiv auf die Begegnungen mit fremden Menschen ein.
- ☐ Verbringen Sie den Abend nicht nur mit jenen Gästen, die Ihnen bereits bekannt sind.
- ☐ Für Einstiegsbemerkungen oder -fragen eignen sich zum Beispiel das Buffet, die Stimmung, das Wetter usw.
- ☐ Entwickeln Sie ein Gespräch, indem Sie interessiert nachfragen und aufmerksam zuhören.
- ☐ Wenn sich der Gesprächsstoff erschöpft hat, dürfen Sie die Unterhaltung jederzeit beenden und sich anderen Leuten zuwenden.
- ☐ Smalltalk kann sehr tiefgründig werden, er darf aber auch banal sein.
- ☐ Tabuthemen gibt es nicht; beachten Sie aber bei Themen wie Sex, Religion und Politik die natürlichen Anstandsregeln.

7 Gespräche im Berufsleben

Im Unterschied zum Privatleben kann man sich im Job die Gesprächspartner nicht aussuchen. Gespräche im Berufsleben bedürfen deshalb besonderer Aufmerksamkeit: Oft spielen Befindlichkeiten, Hierarchien und Konkurrenzdenken mit.

7.1 Täglich in vielen Rollen

Mal Kollege, mal Untergebene, mal Projektleiterin, mal Vorgesetzter: Im Berufsleben schlüpfen wir immer wieder in neue Rollen. Jede verlangt ein spezifisches Kommunikationsverhalten.

Im Geschäftsleben nehmen wir – oft gleichzeitig – mehrere Rollen ein. In jeder Rolle kommunizieren wir mit unseren Gesprächspartnerinnen und -partnern bewusst oder unbewusst anders. Zum Beispiel ist es schwieriger, als Kollegin einen Kollegen zu kritisieren, als dasselbe als Vorgesetzte zu tun.

Bunte Beziehungsstruktur

Wie unterschiedlich die Rollen sich gestalten können, zeigt das folgende Beispiel:
Susanne Peterhans arbeitet in der Marketingabteilung einer Telekommunikationsfirma. Ihr Team ist eines von drei in der Abteilung. Zu den Aufgaben von Susanne Peterhans' Team gehört das Privatkundenmarketing, ein anderes Team kümmert sich um die Geschäftskunden und das dritte ist verantwortlich für die Neukunden.
Für die anderen Mitglieder des Teams ist Susanne Peterhans eine Kollegin – also eine Gleichgestellte. Unter den Kolleginnen und Kollegen verlaufen die Gespräche sachlich, wenn es ums Geschäftliche geht, und locker, wenn es ums Private geht.
Eines Tages bekommt die Marketingabteilung von der Geschäftsleitung den Auftrag, ein neues Gesamtmarketingkonzept für die Firma zu entwickeln. Teamübergreifende Gruppen sollen sich um verschiedene Teilaspekte kümmern. Jede dieser Gruppen wird von einer Projektleiterin oder einem Projektleiter geführt, die aus den Teams stammen; eine von ihnen ist Susanne Peterhans. Sie nimmt damit eine neue Rolle ein: Sie ist nicht mehr nur Kollegin in ihrem Team, sondern neu verantwortlich für die Arbeit eines Projektteams. Diese Verantwortung stellt an ihre Kommunikationsfähigkeit neue Ansprüche: Ab sofort muss Susanne Peterhans ihr Team führen, muss Sitzungen leiten, Feedbacks geben, mit den anderen Projektleitern verhandeln – und die Ergebnisse ihrer Arbeit dem Abtei-

lungsleiter rapportieren. Sie wird also in dieser Funktion anders kommunizieren müssen als unter Gleichgestellten.

Gleichzeitig ist Susanne Peterhans immer noch Mitglied ihres angestammten Teams. Da muss sie mit ihrem Teamleiter verhandeln, wenn sie etwas will, und wird von diesem in ihrer Arbeit und Effizienz beurteilt und auch einmal kritisiert. Diese Gespräche führt sie also noch einmal aus einer anderen Perspektive.

Was für einen Einfluss die jeweilige Rolle auf das Kommunikationsverhalten hat, zeigen die folgenden Kapitel auf.

DIE VERSCHIEDENEN ROLLEN VON SUSANNE PETERHANS

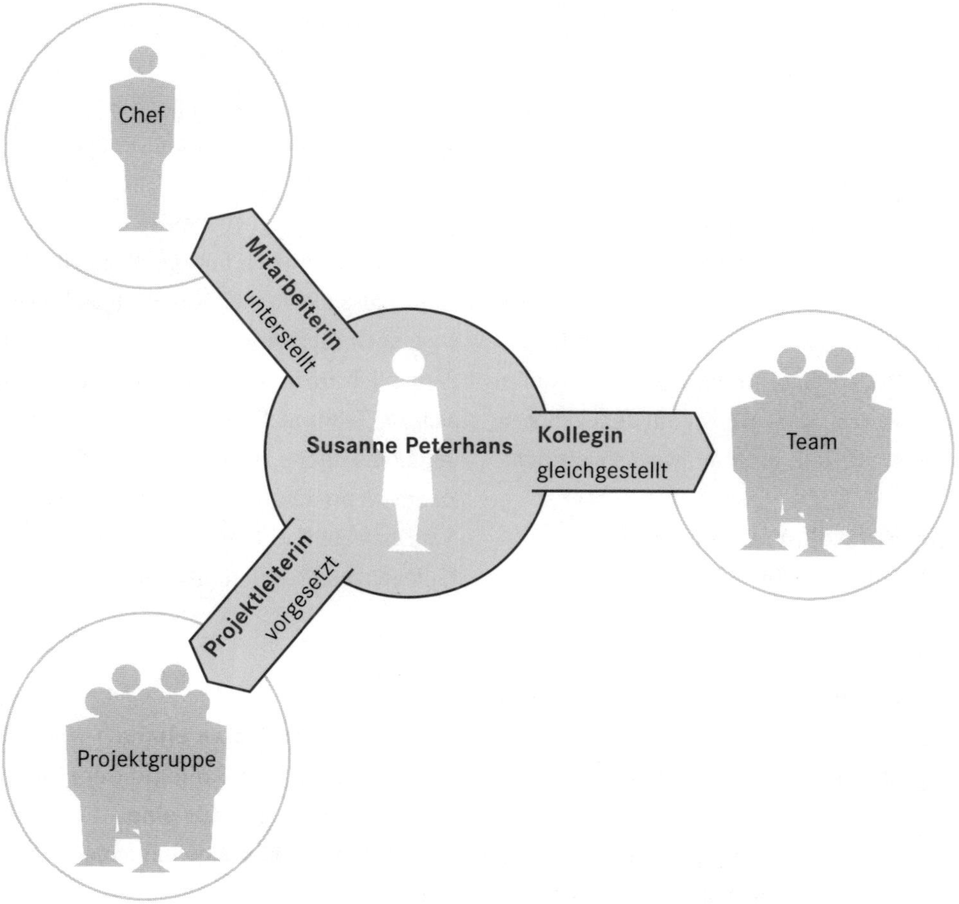

7.2 Gespräche unter Kollegen

Gespräche unter Kollegen sind meistens informell. Besonders wertvoll sind Feedbacks von Gleichgestellten, denn es spielt im Idealfall kein Hierarchiedenken mit.

«Hey, das hast du gut gemacht. Auf diese Idee wäre ich auch gerne gekommen, Kompliment!» Anerkennende Worte eines Kollegen können Wunder wirken: Vielleicht hat die Kollegin vom Chef noch keine Rückmeldung für ihr gelungenes Konzept bekommen – umso glücklicher macht sie deshalb das Kompliment des ältesten Teammitglieds. Umgekehrt kann auch die kritische Beurteilung einer Arbeit durch einen Kollegen wertvoll sein: Weil er auf dem gleichen Gebiet arbeitet, weiss er, wovon er spricht.

Ein Aufsteller: Lob von der Büronachbarin

«Ich weiss, unter Kollegen macht man das ja normalerweise nicht, aber ich möchte dir echt ein Kompliment machen ...» Oft wird ein Lob unter Kollegen und Kolleginnen mit der Bemerkung «Normalerweise macht man das ja nicht» eingeleitet. Warum eigentlich? Vermutlich spielt die Angst mit, als anmassend oder überheblich wahrgenommen zu werden («Was fällt dem ein, meine Arbeit zu bewerten, er ist ja nicht mein Chef!»). Oder Neid und Konkurrenzdenken verhindern einen natürlichen Umgang mit Lob. Möglicherweise denken Sie: «Diese Idee hätte ich lieber selbst gehabt – dafür muss ich meinen Kollegen jetzt nicht auch noch rühmen.»

Persönlich finde ich es schade, dass man sich im Team nicht mehr Feedbacks gibt, denn eine offene Feedbackkultur trägt viel zu einem produktiven Arbeitsklima bei.

Natürlich sollte Lob unter Kolleginnen und Kollegen nicht inflationär geäussert wer-

Versuchen Sie es einmal – loben Sie Ihre Kollegin oder Ihren Kollegen für eine gute Idee oder eine besondere Reaktion.

den, sonst wirkt es unglaubwürdig. Am wertvollsten sind Komplimente zudem, wenn sie kurz begründet werden. Das erlaubt dem Empfänger, die Verhaltensweise, für die er Anerkennung erhalten hat, in seine künftige Arbeit einzubauen. Sagen Sie also zum Beispiel: «Mir gefällt an deiner Idee besonders, dass du nicht von den Produkten ausgehst, sondern von den Bedürfnissen des Kunden. Das bedeutet für uns zwar eine eigentliche Umkehr des Denkens – aber dafür sind wir viel näher am Kunden, und das finde ich toll.»

Unter Kollegen kritisieren: eine Herausforderung

Eine gute Feedbackkultur beinhaltet allerdings nicht nur Lob, sondern auch Kritik. Diese anzubringen ist gerade unter Gleichgestellten nicht immer einfach. Es hilft, wenn Feedback in einem vorgegebenen Rahmen geäussert werden kann, zum Beispiel bei der wöchentlichen Teamsitzung.

Kritik von Kolleginnen und Kollegen ist häufig wertvoll. Denn diese vermitteln eine Sicht, die ein Vorgesetzter normalerweise nicht kennt, da er zu weit weg vom Alltagsgeschäft ist.

Teamkollegen haben täglich miteinander zu tun, bewältigen zusammen das Tagesgeschäft. Zudem sind sie hierarchisch gleichgestellt. Das kann allerdings auch dazu führen, dass der Kritisierte das Feedback nicht annimmt: «Mir hat nur der Chef etwas zu sagen, du sicher nicht», denkt er sich möglicherweise.

Solche Gedankengänge lassen sich vermeiden, wenn im Team oder im Betrieb ein regelmässiges Feedback institutionalisiert ist. Das schafft ein Klima der Offenheit, ermöglicht Verbesserungen bei den Arbeitsabläufen und verhindert, dass Kritik aus persönlichen Beweggründen wie Neid oder Missgunst abgegeben wird. Und: Ein gutes Feedback zu formulieren ist gar nicht so schwer.

Wenn das Verhältnis nicht das beste ist

Natürlich ist es einfacher, ein kritisches Feedback zu geben, wenn man sich mit dem betreffenden Kollegen gut versteht. Trotzdem muss es auch in schwierigeren Arbeitsbeziehungen möglich sein, eine kritische Bemerkung anzubringen.

Stellen wir uns ein Projektteam in einer Webagentur vor, das sich um den neuen Internetauftritt eines Kunden kümmert. In diesem Team arbeiten ein Texter, eine Grafikerin und ein Webdesigner zusammen. Ein weiterer Kollege hat die Projektleitung übernommen.

RICHTIG FEEDBACK GEBEN

Das Wort «Feedback» bedeutet wörtlich übersetzt Rückmeldung und beinhaltet sowohl die positive wie auch die kritische Beurteilung einer Arbeit oder eines Verhaltens. Konkret kann sich ein Feedback unter Teammitgliedern zum Beispiel so anhören: «Mir gefällt sehr, wie du deine Arbeit aufgegleist hast. Besonders gut fand ich (dies und das). Weniger gut fand ich, wie es anschliessend abgelaufen ist. Da fehlte meiner Meinung nach (dies und das).» Mit Vorteil begründet der Kollege, der ein Feedback gibt, sowohl sein Lob als auch seine Kritik. Zudem sollte er immer nur von seiner persönlichen Wahrnehmung reden und auf Verallgemeinerungen verzichten (zum Beispiel auf Sätze wie: «Was gar nicht geht, ist ...»).
Im Anschluss an die Rückmeldung erhält die Empfängerin Gelegenheit, Stellung zu nehmen und zurückzufragen. Nun kann sie, wenn sie es wünscht, beispielsweise Vorschläge für verbesserte Abläufe einholen. Wer nicht um der Kritik willen kritisiert, hat sich idealerweise schon entsprechende Gedanken gemacht, damit die Feedback-Empfängerin nicht ratlos dasteht.

Das Team hat nur wenig Zeit, denn der Kunde möchte bald online gehen mit seiner neuen Website. Man trifft sich dreimal in der Woche, um sich über den neusten Stand auszutauschen. Seit einigen Tagen fällt auf, dass die Grafikerin und der Webdesigner mit ihrer Arbeit im Zeitplan sind, der Texter jedoch etwas hinterherhinkt - nicht weil er unmotiviert wäre, sondern weil ihm der entscheidende Einfall noch nicht gekommen ist. Der Projektleiter bittet ihn, einen Zacken zuzulegen, damit sie das Projekt fristgerecht abliefern können. Sie vereinbaren einen ausserordentlichen Sitzungstermin, um den Stand der Arbeiten noch einmal eingehend zu besprechen.
Als es so weit ist, sind alle fertig mit ihrer Arbeit, auch der Texter liefert seine Vorschläge ab. Die Grafikerin, die einige gute Vorschläge präsentiert hat, ist enttäuscht von der Arbeit des Texters und kritisiert ihn ganz direkt:

Kritisches Feedback
«Entschuldige, aber deine Arbeit ist schlicht unbrauchbar. Jetzt hatten wir über eine Woche Zeit, und das ist alles, was du bringst - ich verstehe das nicht. Wir anderen mussten uns auch beeilen, und wir haben es geschafft. Jetzt werden wir nicht fristgerecht abliefern können, das ist ziemlich schwierig.»

Es kann sein, dass der Texter auf eine solche Kritik verletzt reagiert und sich nicht sehr motiviert an die Überarbeitung seines Vorschlags macht. Die Aussage der Kollegin könnte gar Aggression wecken – oder Niedergeschlagenheit, weil der Texter nicht weiss, was an seiner Arbeit nicht gut ist. Besser hätte die Grafikerin ihre Kritik so formuliert:

Kritisches Feedback

«Deine Arbeit hat viele gute Ansätze. Mir gefällt zum Beispiel, wie du jeweils mit einem einleitenden Satz die Produkte des Kunden kurz und knapp einführst. Mir gefällt auch, wie du die doch recht breite Produktepalette übersichtlich gegliedert und klar in eine hierarchische Reihenfolge gebracht hast – das hatte der Kunde früher ja nicht, und es erleichtert die optische Leserführung, was mir sehr entgegenkommt. Weniger gut gefällt mir die Art der Texte. Ich finde sie umständlich, wenig fokussiert, ich weiss am Schluss nicht, was zum Beispiel der Unterschied zwischen Produkt A und Produkt C ist.»

Nach einem solchen Feedback wird sich der Texter nicht angegriffen fühlen, im Gegenteil: Er bekommt eine grundsätzliche Wertschätzung, was ihn aufbauen dürfte. Wenn er jetzt in die Runde fragt: «Und was für eine Möglichkeit seht ihr, das besser zu machen?», wird der Projektleiter ihm vielleicht sagen: «Ich schlage vor, dass du alle Produktbeschreibungen neu schreibst, zuerst aber mit dem Marketingverantwortlichen der Firma sprichst und ihn bittest, er möge dir die einzelnen Produkte noch einmal kurz und knapp erläutern.»

Mit diesem Feedback, das zudem eine klare Anweisung des Projektleiters enthält, wird der Texter viel mehr anfangen können als mit der pauschalisierenden ersten Version.

Kollegiales Feedback «von oben herab» kommt nie gut an. Die Reaktion des Kritisierten könnte sein: «Was hast du mir schon zu sagen, du bist ja in der gleichen Position wie ich.» Das verhindern Sie, wenn Ihre innere Haltung ist: «Ich kritisiere deine Arbeit, weil ich dir auf Augenhöhe eine Aussensicht vermitteln möchte.»

Ein Charakterzug stört

Mit den Arbeitskollegen verbringt man oft mehr Zeit als mit dem Lebenspartner. Doch während man sich in einer Liebesbeziehung immer mal wieder mehr oder weniger direkte Feedbacks zu Verhalten oder Charakterzügen gibt, tun wir das in Arbeitsbeziehungen selten bis gar nie. Das kann das

Verhältnis zwischen Kollegen nachhaltig negativ beeinflussen.

> **Es kann für das Arbeitsklima förderlich sein, einen störenden Charakterzug anzusprechen. Vielleicht ist sich der Kollege seiner Eigenheit gar nicht bewusst. Achten Sie auf Ihren Ton und die Wortwahl.**

Heikle Themen unter Kollegen können sein:

- Eine Kollegin bringt nie Kaffee, während alle anderen immer mal wieder eine Runde spendieren.
- Ein Kollege riecht sehr stark, neben ihm zu sitzen ist unangenehm.
- Ein Kollege spricht am Telefon so laut, dass das Arbeiten neben ihm schwierig ist.
- Eine Kollegin verbringt einen Grossteil der Arbeitszeit mit Chats auf Facebook.

All diesen Themen gemein ist, dass sie persönliche Wesenszüge und Verhaltensweisen des Gegenübers betreffen, die uns eigentlich «nichts angehen», aber trotzdem stören. Wie können wir sie also auf den Tisch bringen?

Wichtig ist: Einen Charakterzug kritisch anzusprechen heisst nicht, dass Sie diese Person als Mensch ablehnen oder nichts mit ihr zu tun haben wollen. Lassen Sie diese Grundhaltung in das Gespräch einfliessen, stellen Sie sich innerlich auf die Haltung ein: «Ich kritisiere einen Charakterzug oder eine Verhaltensweise, die mich stört – nicht den ganzen Menschen.»
An den oben geschilderten Verhaltensweisen könnte zum Beispiel störend sein:

PRÜFEN SIE IHRE MOTIVATION

Warum kritisieren Sie ein Verhalten, eine Eigenheit? Wenn Sie in sich hineinhorchen und merken, dass eine Verhaltensweise oder ein Wesenszug Sie nur stört, weil Sie zum Beispiel neidisch sind, dann ist Kritik nicht angebracht. Klären Sie in diesem Fall das Thema mit sich selber und ändern Sie etwas an Ihrer eigenen Einstellung.
Wenn Sie guten Gewissens zum Schluss kommen, dass es mit Ihnen nichts oder nur wenig zu tun hat, festigt Sie dies in Ihrer Haltung und macht es einfacher, ein sachbezogenes Feedback auszusprechen. Sie werden dann in Ihrer Äusserung nicht persönlich und möglicherweise verletzend.

- Eine Kollegin bringt nie Kaffee, während alle anderen immer mal wieder eine Runde spendieren: Sie haben das Gefühl, dass die Person Sie und die Kollegen ausnutzt, dass sie profitiert, ohne je selber etwas zu geben.
- Ein Kollege riecht sehr stark, neben ihm zu sitzen ist unangenehm: Sie haben den Eindruck, dass er sich nur selten wäscht und seine Kleider kaum wechselt. Das empfinden Sie für sich selber und für seine ganze Umgebung als Zumutung.
- Ein Kollege spricht am Telefon so laut, dass das Arbeiten neben ihm schwierig ist: Sie stört einerseits, dass Sie selber daneben kaum mehr einen vernünftigen Gedanken fassen, geschweige denn selber ein Gespräch führen können. Andrerseits nervt Sie ehrlicherweise aber auch, dass sich der Kollege mit seinem lauten Stimmorgan so sehr in den Vordergrund spielt, dass alle an seinen Leistungen teilhaben müssen.
- Eine Kollegin verbringt einen Grossteil der Arbeitszeit mit Chats auf Facebook: Eigentlich könnte es Ihnen ja egal sein – ist es aber nicht, da Sie das Gefühl haben, immer an der Arbeit zu sein, während die Kollegin chattet. Und natürlich sind Sie auch ein bisschen eifersüchtig, weil sie etwas wagt, was Sie selber während der Arbeitszeit nie tun würden: privat tratschen.

Wenn Sie Ihre Kritik vorbringen, ist es wichtig, dass Sie sowohl den Ton treffen als auch in der Formulierung immer von sich ausgehen. So vermeiden Sie, dass sich das Gegenüber in seiner Persönlichkeit angegriffen oder gar verletzt fühlt.

Bleiben Sie in Ihren Äusserungen sachlich und lassen Sie dem Gegenüber jederzeit eine «Fluchtmöglichkeit».

Halten Sie Ihrem Gesprächspartner gleichzeitig einen Ausweg offen: Geben Sie ihm die Möglichkeit, das Gespräch jederzeit abzubrechen beziehungsweise gar nicht erst darauf einzutreten. Konkret könnte eine solche Gesprächsführung so aussehen:

- Warten Sie für Ihr Gespräch den richtigen Zeitpunkt ab – es sollte keine Stresssituation sein, besser sind entspannte Momente. Verabreden Sie sich zum Beispiel zum Kaffee. Achten Sie aber darauf, dass keine anderen Leute zuhören, damit sich Ihre Kollegin, Ihr Kollege nicht blossgestellt vorkommt.
- Wählen Sie als Einstieg die (geschlossene) Frage, ob Sie ein heikles Thema ansprechen dürfen: «Darf ich mit dir über etwas reden, das mich stört? Es fällt mir nicht leicht, weil ich dich nicht

verletzen möchte.» Wenn die angesprochene Person – was nach dieser Formulierung mit grosser Sicherheit der Fall sein wird – ihr Einverständnis gibt, können Sie fortfahren. (Wenn nicht, müssen Sie das Gespräch leider abbrechen.)

> Geben Sie dem Gegenüber das Gefühl grundsätzlicher Wertschätzung: «Ich bespreche dieses Thema nur deshalb mit dir persönlich, weil ich dich als Kollegin schätze – wärst du mir egal, würde ich einen anderen Weg suchen, um Dampf abzulassen.»
> Formulieren Sie nun Ihre Kritik als klare «Ich»-Botschaft, wählen Sie Formulierungen wie «mich stört», «mir fällt auf», «mich belastet schon länger».
> Begründen Sie dann, warum Sie diese Verhaltensweise, dieser Charakterzug ganz persönlich stört: «Das stört mich, weil ich den Eindruck habe ...»
> Geben Sie nach der Formulierung Ihrer Kritik dem Gegenüber die Möglichkeit zu reagieren, zum Beispiel, indem Sie fragen: «Wie kommt das, was ich jetzt gerade gesagt habe, bei dir an?»
> Rechnen Sie mit einer heftigen Reaktion, möglicherweise sogar mit einem «Gegenangriff» – es kann sein, dass die kritisierte Person ihrerseits den Moment nutzt, um ebenfalls eine Kritik anzubringen. Lassen Sie das zu und fragen Sie allenfalls zurück, warum sich Ihr Gegenüber an Ihrem Verhalten stört.
> Lassen Sie es auch zu, wenn Ihr Gegenüber Ihre Aussage im ersten Moment vollumfänglich ablehnt. Oft braucht es etwas Zeit, eine Kritik zu akzeptieren – und etwas Überwindung, zu einem offensichtlich störenden Charakterzug zu stehen.

Wenn das Gespräch in einem angenehmen, konstruktiven Klima verläuft, kann das möglicherweise das Verhältnis zwischen Ihnen und dem Kollegen vertiefen; Sie teilen nämlich fortan ein «Geheimnis». Stellen Sie sich zum Beispiel vor, Ihre Kollegin holt eines Tages Kaffee für das ganze Team: Erstaunte Blicke bei den anderen – nur Sie und die Kollegin blinzeln sich verstohlen zu. So etwas schweisst zusammen, probieren Sie es aus.
Vielleicht haben Sie aber auch etwas erfahren, was Sie so sonst nie erfahren hätten: Vielleicht holt die Kollegin nie Kaffee, weil sie im Moment einen Schuldenberg abbauen muss, den sie sich mit dem unüberlegten Kauf eines schnellen Autos aufgehalst hat. Das ihren Teamkollegen zu sagen, war ihr peinlich – lieber versuchte sie sich möglichst unauffällig durchzuschummeln.

7.3 Eine Sitzung leiten

Gute Planung, straffe Führung: So arten Sitzungen nicht in Plauderstündchen aus, sondern bringen in nützlicher Frist Ergebnisse. Das schätzen alle Kolleginnen und Kollegen.

Eine Sitzung zu leiten gehört zum täglichen Brot einer Projektleiterin oder eines Vorgesetzten. Trotzdem ufern viele Sitzungen aus, enden ergebnislos und frustrieren die Teilnehmerinnen und Teilnehmer, die die Zeit lieber in ihre Arbeit investiert hätten. Die folgenden Tipps helfen Ihnen, Ihre Sitzungen effizient und gewinnbringend abzuwickeln.

Ziel festlegen

Eine Sitzung will vorbereitet sein. Legen Sie als Erstes ein Ziel fest: Was wollen Sie erreichen? Ohne eine Vorstellung von konkreten Ergebnissen laufen Sie Gefahr, dass das Meeting im Nichts endet. Dies besonders bei institutionalisierten Sitzungen, der üblichen «Montagssitzung» zum Beispiel oder der Sitzung morgens zum Arbeitsbeginn, wenn Sie sich zu sehr darauf verlassen, dass «es dann schon Inputs und Stoff für Diskussionen geben wird».

Zählen Sie nicht darauf, dass sich spontan Diskussionspunkte ergeben. Legen Sie vor jeder Sitzung ein Ziel fest.

Ein zielgerichtetes Vorgehen schliesst nicht aus, dass zwischendurch auch einmal geplaudert oder gar geblödelt werden darf, das kann die Diskussion beleben und auf das Arbeitsklima einen positiven Einfluss haben. Verlieren Sie jedoch Ziel und Zeitrahmen nicht aus den Augen.
Auch wenn es von Ihrer Seite nichts oder nicht viel zu besprechen gibt, sagen Sie die Sitzung nicht leichtfertig ab. Fragen Sie Ihr Team vorgängig, vielleicht möchte ein Mitarbeiter etwas Dringendes besprechen.

Zeitrahmen und Struktur bestimmen

Legen Sie einen Zeitrahmen fest. Die Höchstlänge für eine regelmässig stattfindende Sitzung ist eine Stunde, täglich stattfindende Sitzungen dürfen auch viel kürzer

sein. Längere Sitzungen müssen gut begründet sein und sollten die Ausnahme bleiben. Länger kann es zum Beispiel dauern, wenn ein grosses Projekt ansteht, das gründlich vorbesprochen werden muss.
Schreiben Sie sich die Punkte auf, die diskutiert werden müssen, und bringen Sie sie in eine Reihenfolge. Um die Zeit im Griff zu behalten, lohnt es sich, den einzelnen Punkten – je nach Gewichtung und Wichtigkeit – eine bestimmte Zeitspanne einzuräumen.

Erstellen Sie einen Themen- und einen dazupassenden Zeitplan. Damit vermeiden Sie, dass die Sitzung ausufert.

Sehen Sie zum Beispiel 15 Minuten für den Rückblick auf die vergangene Woche vor: Was lief gut, was lief schlecht? Ein Mitarbeiter hat angeregt, endlich einmal über die Ordnung im gemeinsamen Kühlschrank zu reden: Räumen Sie für dieses Thema fünf Minuten ein. Dann stehen die Ferien an: Reservieren Sie 10 Minuten für die Organisation der Ferienvertretungen. Die letzten 10 Minuten schliesslich gehören dem Wochenausblick und der Frage, wer sich um welches Projekt kümmert.

Rechnen Sie anschliessend noch eine Reserve ein für Themen, die von Ihren Mitarbeitenden spontan angesprochen werden. Idealerweise sehen Sie hierfür etwa 10 Minuten vor. Haben Ihre Mitarbeiterinnen und Mitarbeiter schon vor der Sitzung Diskussionspunkte eingebracht, legen Sie auch dafür eine Zeitspanne fest.

Leiten Sie ein Projektteam, geben Sie allen Beteiligten die Möglichkeit zu sagen, wo sie stehen und was ihre dringendsten Probleme sind. Reservieren Sie genug Zeit dafür.

Klare Führung

Eine Sitzung zu leiten heisst, von Beginn an die (Gesprächs-)Führung zu übernehmen. Geben Sie den Zeitrahmen und die Punkte, die Sie diskutieren möchten, gleich am Anfang bekannt. Eventuell haben Sie auch vorgängig eine Agenda verteilt.
Überprüfen Sie während der Sitzung immer wieder Ihren Zeitplan, mahnen Sie zur Kürze, wenn eine Diskussion auszuufern droht, und «jonglieren» Sie notfalls ein bisschen mit der Zeit, wenn ein Thema aus guten

Geben Sie Ihren Sitzungsplan bekannt, damit sich die Teilnehmerinnen und Teilnehmer darauf einstellen können.

Gründen mehr zu diskutieren gibt, als Sie vorgesehen haben. Sie können auch während der Sitzung entscheiden, die Prioritäten neu zu setzen. Machen Sie das jedoch jederzeit transparent, vor allem, wenn die Diskussion zu einem bestimmten Punkt auf eine nächste Sitzung verschoben wird, sonst gibt es Misstöne.

Gut zuhören, Beschlüsse festhalten

Ob Sie Ihr Ziel erreichen und in der geplanten Zeit zu den gewünschten Ergebnissen kommen, hängt einzig und allein von Ihrer Sitzungsleitung beziehungsweise Gesprächsführung ab. Seien Sie ein aufmerksamer Zuhörer, achten Sie darauf, ob die einzelnen Wortbeiträge mit dem Thema zu tun haben oder ob die Sprechenden davon abweichen.

VORSICHT! KILLERPHRASEN

Der Wille zur Effizienz führt in Sitzungen manchmal dazu, dass gewisse Voten allzu schnell mit einer sogenannten «Killerphrase» abgewürgt werden. Vermeiden Sie das, denn dadurch könnten Ihnen gute Vorschläge und Ideen entgehen. Killerphrasen können ausserdem verletzend sein. Klassische Beispiele sind:

> «Das haben wir noch immer so gemacht, ich sehe keinen Grund, das zu ändern.»
> «Achtung, ein Vorschlag von Albert – da wird mir ja was kommen!»
> «Sie sind nicht der Erste, der mit dieser Idee kommt. Vergessen Sies!»
> «Haben wir alles schon einmal ausprobiert, hat nicht funktioniert.»
> «Und wer bitte soll das finanzieren?»
> «Das haben schon fähigere Leute zu lösen versucht.»
> «Wenn das alle so machen wollten, wo kämen wir da hin?»
> «Hübsche Idee, aber leider unbrauchbar. Danke – andere Vorschläge.»

Wenn Ihnen Vorschläge unterbreitet werden, die Ihnen nicht gefallen oder die Sie aus einem anderen Grund ablehnen, sagen Sie dies – statt mit einer Killerphrase – offen, höflich und bestimmt.

Fassen Sie die Voten immer wieder zusammen und fragen Sie nach, ob Sie richtig verstanden haben. Damit vermeiden Sie Missverständnisse, die später zu Auseinandersetzungen führen könnten.

Wenn die Meinungen weit auseinanderliegen, müssen Sie entscheiden, ob Sie die Sache ausdiskutieren wollen oder ob Sie abstimmen lassen. Beim Ausdiskutieren ergeben sich oft sinnvollere Lösungen, die breiter abgestützt sind, eine Abstimmung geht dafür schneller. Halten Sie Beschlüsse fest, am besten in einem kleinen Beschlussprotokoll.

Am Schluss der Sitzung sollte den Anwesenden klar sein, wer welchen Auftrag bis wann ausführen muss. Um sicher zu sein, dass dem so ist, fragen Sie kurz vor Schluss, ob noch etwas offen oder unklar sei. Wenn es keine Fragen mehr gibt, können Sie die Sitzung beschliessen.

CHECKLISTE: EINE SITZUNG LEITEN

- ☐ Fragen Sie sich: «Warum führe ich diese Sitzung durch, was möchte ich erreichen?»
- ☐ Legen Sie neben dem inhaltlichen auch ein zeitliches Ziel fest: Eine regelmässige (zum Beispiel wöchentlich stattfindende) Sitzung sollte nicht länger als eine Stunde dauern.
- ☐ Notieren Sie sich die Punkte, die Sie diskutieren möchten. Legen Sie für jeden Punkt einen Zeitrahmen fest.
- ☐ Geben Sie Ihr Ziel zu Beginn der Sitzung bekannt und teilen Sie mit, über welche Punkte Sie reden möchten.
- ☐ Fragen Sie, ob es noch andere Themen gibt, die diskutiert werden sollten.
- ☐ Leiten Sie die Sitzung, indem Sie aufmerksam zuhören und jedes Thema mit einem Beschluss, einem oder mehreren klaren Aufträgen oder einer klaren Feststellung abschliessen.
- ☐ Fassen Sie die Beschlüsse am Schluss noch einmal zusammen – am besten schriftlich in Form eines Beschlussprotokolls.

7.4 Als Angestellte das Gespräch suchen

Es braucht manchmal etwas Mut für ein Gespräch mit dem Chef – zum Beispiel wenn Sie etwas verändern oder für sich selber etwas erreichen wollen. Mit dem nötigen Fingerspitzengefühl und einer geschickten Gesprächsführung gelingt es.

Den Chef auf etwas Unangenehmes anzusprechen oder ihn um mehr Lohn zu bitten braucht Mut. Zwischen Ihnen und ihm besteht ein Machtgefälle: Als Ihr Vorgesetzter sitzt er gewissermassen am längeren Hebel. Vielleicht fürchten Sie sich davor, dass ihm Ihre Kritik oder Ihre Lohnforderung in den falschen Hals kommt, und Sie sagen darum nichts. Das ist schade, denn wenn Sie sie richtig formulieren, können Sie durchaus auch schwierige Sachverhalte thematisieren und für Ihre Rechte kämpfen. Und wahrscheinlich steht Ihnen Ihr Chef auch gerne mit Rat und Tat zur Seite.

Geben Sie Ihrem Vorgesetzten eine Chance, sich vorzubereiten. Vereinbaren Sie mit ihm einen Termin und sagen Sie in ein paar Stichworten, warum Sie das Gespräch suchen.

Bereiten auch Sie sich auf ein solches Gespräch gut vor: Setzen Sie sich ein klares Ziel, beherzigen Sie je nach Thema die Feedbackregeln – zuerst das Positive erwähnen, dann erst kritisieren – und seien Sie in Ihren Äusserungen klar und unmissverständlich. So weiss Ihr Vorgesetzter, woran er ist. Um den heissen Brei herumzureden und schwammige Formulierungen zu verwenden verunsichert nur unnötig und verursacht ein schlechtes Gefühl («Da ist etwas, aber ich kann es nicht benennen, das finde ich schwierig …»). Denken Sie daran: Auch Ihr Chef ist «nur» ein Mensch – im Gespräch mit ihm gelten die gleichen Spielregeln wie in anderen Gesprächen.

Ein schwieriges Thema ansprechen

Ihr Vorgesetzter hat eine Macke, die Sie schon lange stört: Sie haben den Eindruck, dass er in Gesprächen häufig nicht richtig zuhört und «aus dem hohlen Bauch» heraus

Entscheide fällt, die sehr schwer umzusetzen ist. Widerstand ist meist zwecklos. «Entschieden ist entschieden», sagt er jeweils, «deine Bedenken hättest du früher äussern können.»
Suchen Sie das Gespräch mit dem Chef, statt immer wieder frustriert die Faust im Sack zu machen. Fassen Sie Mut und gehen Sie vor wie folgt:

> Vereinbaren Sie einen Termin mit ihm und sagen Sie bereits bei dieser Gelegenheit, dass Sie mit ihm über etwas sprechen möchten, das Sie belastet.
> Bereiten Sie sich auf das Gespräch gut vor: Überlegen Sie sich Ihre Kernbotschaft («Ich habe den Eindruck, dass du meine Einwände nach einem Entscheid ignorierst») und einige Formulierungen bereits im Voraus, so dass Sie nicht im Gespräch vor lauter Nervosität Dinge sagen, die Sie so nicht sagen wollten.
> Reden Sie im Gespräch nur von sich, nicht von den anderen – auch wenn die Kollegen das gleiche Problem haben. Verwenden Sie auch nicht die Allerweltsformel «man», sondern konsequent «Ich»-Formulierungen. Das macht Sie für Ihren Chef greifbar und zum Gesprächspartner auf Augenhöhe («Mich stört, dass du keine Einwände mehr zulässt», «Ich fühle mich in solchen Momenten von dir nicht ernst genommen» etc.).
> Sagen Sie, wie es für Sie besser wäre: «Ich wünschte mir, dass du in Zukunft …»
> Heben Sie deutlich hervor, welche Vorteile ein verändertes Vorgehen für Ihren Vorgesetzten hätte, zum Beispiel: «Wenn ich den Sinn einer Entscheidung begreife, arbeite ich viel motivierter mit. Und vielleicht wäre es ja manchmal gut, wir würden einen Entscheid gemeinsam überdenken – dann ist die Gefahr eines Schnellschusses geringer.» Geben Sie Ihrem Vorgesetzten die Möglichkeit zu reagieren.
> Seien Sie auch für seine kritischen Bemerkungen offen. Vielleicht sagt er: «Ich höre auf deine Einwände oft bewusst nicht, weil wir sonst nie starten würden. Manchmal müssen wir einfach beginnen, um zu sehen, ob etwas funktioniert oder nicht.» Dann ist es wichtig, dass Sie sich beidseitig aussprechen und eine gemeinsame Lösung suchen.
> Bedanken Sie sich für die Möglichkeit, mit Ihrem Vorgesetzten so offen und klar über etwas reden zu können, was Sie stört.

Rat holen in einer Konfliktsituation

Es ist eine Krux: Sie kommen mit einer Kollegin im Team einfach nicht klar. Sie haben das Gefühl, sie behandle Sie wie Luft, ignoriere Ihre Vorschläge und Arbeiten, während sie mit allen anderen Kolleginnen und Kollegen einen ungezwungenen Umgang pflegt. Alle Gesprächsversuche mit ihr sind gescheitert, sie sieht das Problem nicht. Gerne würden Sie mit Ihrer Vorgesetzten über diese schwierige Situation reden, doch noch scheuen Sie davor zurück. Schliesslich möchten Sie nicht als Petze oder beleidigte Leberwurst dastehen. Was können Sie tun – und wie packen Sie es an?
Es führt kein Weg daran vorbei: Machen Sie den Schritt, sprechen Sie Ihre Vorgesetzte auf den Konflikt an. Beherzigen Sie die folgenden Tipps:

> Vereinbaren Sie vorgängig einen Termin und erklären Sie, dass Sie gerne ein zwischenmenschliches Problem besprechen würden.
> Überlegen Sie sich gut, was Sie sagen möchten. Was stört Sie genau am Verhalten Ihrer Kollegin? Was ist möglicherweise Ihr eigener Anteil am Konflikt?
> Überlegen Sie sich auch, was Sie von Ihrer Vorgesetzten überhaupt erwarten können: Sie wird nicht Schiedsrichterin spielen, da sie ja nur eine Partei hört. Auch wird sie nicht die Kollegin be- oder verurteilen wollen, sondern Ihnen vor allem Tipps für das eigene Verhalten geben.
> Versuchen Sie im Gespräch, die andere Person nicht einseitig zu beschreiben («Sie benimmt sich immer so unanständig!»), sondern zeichnen Sie ein differenziertes Bild von ihr («Das schätze ich an ihr, das stört mich»).
> Beschreiben Sie, wie ihr Verhalten bei Ihnen ankommt. Reden Sie immer nur von sich, verallgemeinern Sie nicht.
> Fragen Sie Ihre Vorgesetzte, wie sie diesen Konflikt beurteilt. Wie sieht sie Ihren Anteil am Konflikt? Sagen Sie Ihrer Chefin, dass Sie sich bewusst sind, dass Sie einen anderen Menschen nicht ändern können – Sie können nur bei sich selber etwas verändern.
> Akzeptieren Sie die Aussensicht Ihrer Vorgesetzten. Nehmen Sie sich ihre Tipps zu Herzen und beobachten Sie fortan Ihr eigenes Verhalten aufmerksam. Ändert sich trotz intensiver Bemühungen Ihrerseits nichts in der Beziehung zu Ihrer Kollegin, können Sie das Gespräch mit der Chefin erneut suchen.

Vom Chef etwas fordern

Eine besondere Herausforderung ist ein Gespräch mit dem Vorgesetzten, wenn Sie etwas von ihm wollen, zum Beispiel mehr Lohn. Bereiten Sie sich auch in diesem Fall gut auf das Gespräch vor, dann steigen Sie selbstbewusst und ohne frech zu wirken in die Verhandlung ein.

> Überlegen Sie sich vorgängig Argumente für eine Lohnerhöhung: Haben Sie sich durch aussergewöhnliche Leistungen hervorgetan? Hatten Sie besondere Erfolge, haben Sie sich durch ein speziell grosses Engagement ausgezeichnet? Haben Sie ein umfangreiches Projekt erfolgreich durchgeführt? Hat sich Ihr Lohn schon lange nicht mehr verändert, während der Ihrer Kollegen gestiegen ist? Schreiben Sie sich Ihre Argumente auf, überprüfen Sie - vielleicht auch im Gespräch mit einem guten Kollegen oder mit Ihrem Partner -, ob die Argumente die richtigen für Ihre Forderung sind.
> Legen Sie dann für die Verhandlung ein Maximalziel fest. Bleiben Sie dabei realistisch: Wie viel können Sie höchstens fordern, um nicht zu riskieren, von Ihrem Vorgesetzten ausgelacht zu werden?
> Eröffnen Sie das Gespräch mit der Feststellung, dass Sie gerne für Ihren Arbeitgeber arbeiten und warum dem so ist. Schildern Sie anschliessend Ihren Leistungsausweis und erklären Sie, warum Sie mehr Lohn möchten. Formulieren Sie Ihre Forderung selbstbewusst und positiv («Ich bin der Meinung, nach dem erfolgreichen letzten Jahr hätte ich eine Lohnerhöhung verdient»), verfallen Sie nicht in ein Lamento («Also wenn ich sehe, was ich arbeite …») und formulieren Sie keine versteckten Vorwürfe («Man kann das Gefühl bekommen, meine Arbeit sei nichts wert»).
> Äussern Sie danach klar und deutlich Ihre Vorstellung: «Meine Vorstellung ist 300 Franken mehr im Monat.»
> Hören Sie aufmerksam zu, was Ihr Vorgesetzter zu Ihrer Forderung sagt. Steigt er darauf ein? Versucht er zu erklären, warum es nicht möglich ist? Bietet er einen Kompromiss an?
> Denken Sie daran: Sie führen in dieser Situation das Gespräch. Wenn Sie das Gefühl haben, Ihr Vorgesetzter weiche aus («Ich habe wohl Verständnis für deine Forderung, aber ich kann jetzt nicht einfach so darauf eingehen, die Zeiten sind schwierig und wir müssen alle den Gürtel etwas enger schnallen. Übrigens - wie läuft es sonst auf der Abteilung?»), bitten Sie ihn, konkret zu werden: Kann er sich eine Lohnerhöhung vorstellen oder nicht?

- Wenn Sie merken, dass Sie mit Ihrer Forderung nicht durchdringen werden, bieten Sie Alternativen an, die Sie sich vorgängig als Teilziele überlegt haben (mehr zum Thema Verhandeln ab Seite 78). Gibt es eine Weiterbildung, die Sie gerne machen würden? Träumen Sie schon lange davon, zwei Wochen unbezahlten Urlaub zu nehmen? Oder wäre eine Alternative, Ihr General-Abonnement der SBB bezahlt zu bekommen?
- Fragen Sie Ihren Vorgesetzten, was Sie tun müssen, damit es nächstes Jahr mit einer Lohnerhöhung klappt. Bestehen Sie auf konkreten Aussagen, lassen Sie sich nicht mit Floskeln abwimmeln.

7.5 Als Vorgesetzte das Gespräch führen

Hier ein Lob aussprechen, da eine Kritik äussern, dann wieder ein offenes Ohr haben für den Ärger eines Mitarbeiters: Als Vorgesetzte sind Sie in Ihren kommunikativen Fähigkeiten ganz schön gefordert. Dieses Kapitel gibt Tipps für den richtigen Ton in verschiedenen Situationen.

Vorgesetzte stehen mindestens eine Stufe höher im Hierarchiegefüge, was praktisch immer einen Einfluss auf das (Kommunikations-)Verhalten der Mitarbeiterinnen und Mitarbeiter hat. Vielleicht sind sie ihrem Chef gegenüber nicht ganz ehrlich, weil sie Konsequenzen fürchten. Vielleicht sind sie auch etwas netter als üblich, weil sie sich einen Vorteil erhoffen. Vielleicht lassen sie sich aber auch nicht von einem hierarchischen Rang beeindrucken und verhalten sich ihrem Vorgesetzten gegenüber genauso wie auch allen anderen Menschen gegenüber.

Das typische Kommunikationsverhalten eines Mitarbeiters, einer Mitarbeiterin gibt es nicht. Und trotzdem gilt es für Vorgesetzte einige Punkte zu beachten – ganz gleich, ob sie am Kaffeetisch mit ihren Mitarbeitenden plaudern oder handfeste Kritik äussern müssen.

Ein offenes Gesprächsklima fördern

Fördern Sie in Ihrem Betrieb, in Ihrer Abteilung oder in Ihrem Team ein offenes Gesprächsklima. Es soll niemand Angst haben müssen, Kritik – auch am Chef – zu äussern oder etwas zu fordern. Ein offener Umgang im Team schafft Vertrauen und verbessert die Motivation. Auf dieser Basis kann in lockeren Situationen miteinander gelacht, in ernsten Phasen aber auch hart miteinander diskutiert werden, ohne dass sich die Stimmung verändert oder jemand «betupft» oder gar verletzt ist.

In einem guten Klima arbeiten die Menschen gerne. Gehen Sie als Vorgesetzter mit gutem Beispiel voran!

> Schaffen Sie in Ihrem Team eine institutionalisierte Feedbackkultur. Zum

RICHTIG LOBEN

Nichts motiviert Ihre Mitarbeiterinnen und Mitarbeiter mehr als ein aufrichtiges Lob. Seien Sie aber vorsichtig: Wenn Sie ständig alle und alles über den grünen Klee loben, alles immer «super» finden und jeden in Ihrem Team «den Grössten», dann wirken Sie mit der Zeit unglaubwürdig – und Ihre Komplimente verpuffen wirkungslos.
Anerkennende Worte sind dann angebracht, wenn eine Mitarbeiterin eine besonders gute Idee gehabt hat, ein Mitarbeiter, ohne zu murren, bis spät in den Abend gearbeitet hat, damit das Projekt noch rechtzeitig fertig wurde, oder wenn Ihr Team Ausserordentliches geleistet hat.
Genau wie eine Kritik sollten Sie auch Ihr Lob begründen: Was hat Ihnen an einer Idee oder einer Arbeit besonders gut gefallen, und warum? So kann der Mitarbeiter etwas lernen, denn oft machen wir gute Dinge ganz unbewusst richtig – und tun es umso lieber wieder, wenn das Verhalten offensichtlich Anklang findet.

Beispiel könnte zu Beginn der wöchentlichen Sitzung jeder Mitarbeiter sagen, was ihn vergangene Woche gefreut und was ihn geärgert hat. Sowohl die Freude wie auch der Ärger sollen begründet werden und in einer «Ich»-Botschaft formuliert sein («Mich hat besonders gefreut, dass ...», «Ich habe mich sehr geärgert, dass ...»).

> Loben Sie, feiern Sie Erfolge – das motiviert und spornt das Team an, in der eingeschlagenen Richtung weiterzumachen.
> Seien Sie offen und ehrlich, wenn Sie etwas stört. Kritisieren Sie mit klaren Worten, aber immer sachlich, nie auf die Person zielend.
> Ermuntern Sie Ihre Mitarbeiterinnen und Mitarbeiter, das Gleiche zu tun. Akzeptieren Sie Kritik, ohne sich zu rechtfertigen oder zu erklären – und vor allem ohne eingeschnappt zu sein oder sich gar zu rächen.
> Bitten Sie Ihre Mitarbeitenden, zu Ihnen zu kommen, wenn sie etwas belastet oder stört. Stehen Sie ihnen mit aufbauenden Tipps und Ratschlägen zur Seite.

Klare Ziele setzen, Verantwortliche benennen

Für Ihre Mitarbeitenden ist es wichtig zu wissen, woran sie sind: Was erwarten Sie von ihnen? Von wem genau? Bis wann? Warum?
Das bedingt, dass Sie in Ihren Absichtsäusserungen jederzeit klar und unmissverständlich sind. Formulieren Sie ein Ziel

deutlich und sagen Sie, bis wann es erfüllt sein muss. Sagen Sie auch, wer zuständig beziehungsweise verantwortlich ist. Formulierungen wie «Man müsste jetzt dann mal ...», «Wir sollten irgendwann noch ...» oder «Warum ist eigentlich noch nicht ...?» sind ungeeignet, denn sie haben keine klare Adressatin, keinen klaren Adressaten. Wenn sich niemand angesprochen fühlt, fühlt sich auch niemand verantwortlich – das führt zu Missverständnissen und Schuldzuweisungen.

Wenn Sie Ziel, Termin und Verantwortliche benennen, lassen sich die Arbeiten jederzeit überprüfen und im Nachhinein auch gut auswerten. Eine gute Kommunikation mit Ihren Mitarbeiterinnen und Mitarbeitern bedingt also:

> ein klares Ziel, über das Sie sich einig sind.
> einen Termin, bis wann dieses Ziel erfüllt sein muss.
> einen oder mehrere Verantwortliche, die für die Umsetzung der Zielvorgabe zuständig sind (es kann auch eine Gruppe benannt werden, die für die Umsetzung zuständig ist und die Verantwortlichkeiten selber regelt).
> eine gelegentliche Überprüfung der Arbeiten: Fragen Sie nach, wie weit das Projekt fortgeschritten ist, ob es Unklarheiten oder Unsicherheiten gibt. Überprüfen Sie im Gespräch auch die Zielvorgaben: Sind sie realistisch, können sie eingehalten werden – oder müssen sie unter Umständen neu formuliert werden?
> einen klaren Abschluss der Arbeit, indem die Zielvorgabe überprüft wird.
> eine Auswertung der Arbeit: Benennen Sie, was gut gelaufen ist und was bei einem nächsten Projekt besser gemacht werden muss.

Das Kritikgespräch

Wenn Sie mit der Arbeit oder dem Verhalten einer Mitarbeiterin oder eines Mitarbeiters nicht zufrieden sind, ist es besser, möglichst schnell ein klärendes Gespräch zu führen, statt die Unzufriedenheit immer grösser werden zu lassen. Beim Kritikgespräch ist Ihre Grundhaltung entscheidend: Bemängeln Sie eine schlechte Arbeit oder ein ungeschicktes Verhalten, aber greifen Sie nie die Person selber an, sonst ist das

Kritisieren Sie Leistungen oder eine Verhaltensweise des Mitarbeiters, nie die Person an und für sich.

Gespräch von vornherein zum Scheitern verurteilt. Machen Sie sich die Grundeinstellung zu eigen, dass jeder Mensch in Ordnung ist, auch wenn er Ihnen nicht entspricht.

Wenn Sie diese Haltung ausstrahlen, ist ein offenes, aufbauendes Kritikgespräch jederzeit möglich, denn es bleibt auf der Sachebene. Wenn Sie diese hingegen verlassen und Ihren Mitarbeiter in seiner Persönlichkeit kritisieren, kann die Unterhaltung schnell einmal eine unangenehme Wendung nehmen.

Ein guter Hinweis darauf, dass Ihr Gespräch nicht mehr auf der Sachebene abläuft, sind Sätze wie:

> «Nie kann man mit dir ...»
> «Immer tust du so, als ob ...»
> «Du bist einfach ...»
> «Jetzt hast du schon wieder ...»

Vor allem Wörter wie «nie», «immer» und «schon wieder» sollten in einem Kritikgespräch tabu sein, denn sie greifen tief in die Persönlichkeit des Gegenübers ein. Wissen Sie denn, ob Ihr Mitarbeiter sich tatsächlich «nie» oder «immer» so verhält - oder ob das möglicherweise auch mit Ihnen oder dem Arbeitsumfeld zu tun haben könnte?

Versuchen Sie ausserdem, Aussagen immer von Ihrer Warte aus zu formulieren: «Mich stört, dass du ...» klingt anders als: «Jetzt hast du schon wieder ...»

Reden Sie so oft wie möglich von sich und davon, wie etwas bei Ihnen ankommt. Vermeiden Sie Pauschalurteile an die Adresse Ihres Mitarbeiters, Ihrer Mitarbeiterin.

Fragen Sie immer auch nach dem Grund für ein Verhalten oder eine Entscheidung. Wenn der Mitarbeiter erklären kann, warum er etwas so oder anders entschieden hat, fühlt er sich ernst genommen und nicht als jemand dargestellt, der nichts denkt beim Arbeiten.

Fragen Sie nach der Motivation für ein bestimmtes Verhalten, dann fühlt sich der Mitarbeiter ernst genommen.

Hier ein Beispiel, wie ein Kritikgespräch nicht verlaufen sollte. Achten Sie besonders auf die Wörter, die ein partnerschaftliches Gespräch verunmöglichen («immer», «typisch») und die Formulierungen, die die Mitarbeiterin in die Ecke drängen («ganz schwierig mit dir»). Beteiligt sind die Vorgesetzte Miranda Halter (V) und die Mitarbeiterin Karin Müller (M).

Kritikgespräch

V: «Karin, ich weiss nicht, was du dir überlegt hast, aber es ist typisch: Du hast bei unserem Kunden wieder einmal eine so grosse Verwirrung angerichtet, dass er jetzt dann abspringt. Es ist wirklich ganz schwierig mit dir!»
M: «Was ist denn geschehen? Entschuldige, aber ich weiss gar nicht, wovon du redest.»
V: «Weil du immer gleich wieder alles vergisst! Oder erinnerst du dich etwa nicht mehr an das Gespräch von letzter Woche? Ich habe dir da zum x-ten Mal erklärt, dass du immer zuerst deine Teamleiterin fragen sollst, bevor du etwas entscheidest. Vor allem, bevor du einen solchen Bockmist entscheidest. Ich bin echt wütend. Ausgerechnet beim Kunden X muss das passieren!»
M: «Aha, jetzt verstehe ich, was du ansprichst, Miranda, die Verschiebung des Liefertermins. Ich habe gedacht …»
V: «Du sollst nicht denken, sondern machen, was ich dir gesagt habe, Himmelherrgott nochmal! Ehrlich, Karin, ich habe jetzt dann keine Geduld mehr.»

Wir kennen die Vorgeschichte nicht, aber wir spüren, dass dieses Arbeitsverhältnis möglicherweise nicht mehr lange dauern wird – wenn Karin Müller nicht gekündigt wird, tut sie es vermutlich selber bald. Denn Gespräche, die so verlaufen, lassen auf ein tiefes gegenseitiges Misstrauen schliessen.
Es ginge auch anders – selbst wenn offenbar schon einiges vorgefallen ist:

Kritikgespräch

V: «Karin, danke, dass du kommst. Ich muss mit dir reden, ich bin – ganz ehrlich – nicht zufrieden mit dem, was bei Kunde X geschehen ist.»
M: «Was ist denn geschehen? Entschuldige, Miranda, aber ich weiss gar nicht, wovon du redest.»
V: «Ich rede von der Verschiebung des Liefertermins. Kannst du mir bitte erklären, warum du so entschieden hast?»
M: «Ja, gerne. Ich habe es mit der Logistik abgeklärt. Ich wollte von den Kollegen dort wissen, ob sie es am Montag schaffen würden, wie vom Kunden plötzlich gewünscht. Sie sagten mir ganz klar, dass sie es nicht schaffen würden. Deshalb habe ich die Firma X noch einmal angerufen und gesagt, dass wir so kurzfristig auf Montag nicht liefern könnten, aber dass wir gerne mit unserer Montagslieferung die Woche darauf zu ihnen fahren würden. Das wiederum war für sie nicht ideal, weshalb ich gesagt habe, dass wir in

CHECKLISTE: KRITISCHE RÜCKMELDUNGEN GEBEN

- ☐ Geben Sie dem Mitarbeiter das Gefühl, dass er als Mensch in Ordnung und seine Arbeit grundsätzlich gut ist.
- ☐ Sagen Sie dem Mitarbeiter zuerst, was er gut macht, bevor Sie zu den kritischen Punkten kommen.
- ☐ Fragen Sie nach, warum der Mitarbeiter so und nicht anders gehandelt hat. Das gibt ihm das Gefühl, als denkender Mensch wahrgenommen zu werden.
- ☐ Seien Sie klar in Ihren Äusserungen, erklären Sie, warum Sie eine Verhaltensweise nicht tolerieren.
- ☐ Legen Sie ein überprüfbares Ziel und den Zeitpunkt für ein nächstes Gespräch fest, damit Sie Veränderungen und Verbesserungen feststellen können.

diesem Fall erst in zwei Wochen liefern könnten.»
V: «Warum hast du ihnen denn nicht angeboten, eine Extralieferung am Freitag zu machen?»
M: «Das habe ich bei den Kollegen in der Logistik natürlich abgeklärt, aber sie waren am Freitag schon voll, weshalb ich nicht alles noch mehr durcheinanderbringen wollte und es beim üblichen Liefertermin beliess.»
V: «Das ist eine gute Überlegung. Aber jetzt haben wir das Problem, dass der Kunde ziemlich verstimmt ist.»
M: «Das ist wohl mein Fehler, ich hätte ihn besser informieren müssen.»
V: «Was heisst das?»
M: «Ich habe ihm zur Bestätigung extra noch einmal ein Mail geschrieben und gesagt, dass es ausserhalb des normalen Liefertermins nicht ginge und wir leider keine Ausnahme machen könnten. Das war wohl nicht so gut.»
V: «Nein, das war es in der Tat nicht. Gut, dass du das selber merkst. Wie könntest du das wieder in Ordnung bringen?»
M: «Ich werde dem Kunden nochmals ein Mail schreiben und mich entschuldigen.»
V: «Tu das, und wende dich zukünftig in solchen Situationen an die Teamleiterin, sie ist dafür da, dir zu helfen.»
M: «Alles klar, und danke für das Gespräch. Ich werde dafür sorgen, dass nächstes Mal alles reibungslos abläuft. »

Im zweiten Gespräch musste sich die Mitarbeiterin nicht grundsätzlich als Mensch in Frage gestellt fühlen, deshalb verlief dieses Gespräch konstruktiv. Sie wurde von ihrer

Chefin als selbständig denkendes und handelndes Wesen angesprochen und erhielt die Gelegenheit zu erklären, was sie warum gemacht hatte. Das gibt ihr ein anderes Gefühl, als wenn sie, wie im ersten Gespräch, bildhaft gesprochen an die Wand gedrückt wird – eine Situation, die nie ein positives Resultat hervorbringt.

Wenn die Mitarbeiterin in die Enge getrieben wird, läuft ein Gespräch absehbar schief. Halten Sie sich an den konkreten Vorfall und geben Sie ihr die Möglichkeit, sich zu erklären.

Klar in der Absicht, klar in der Äusserung

Wichtig bei einem Kritikgespräch: Die Mitarbeiterin muss wissen, woran sie ist.

In einem Kritikgespräch hat es keinen Platz für schwammige Äusserungen. Ihre Formulierungen müssen klar und unmissverständlich sein.

Seien Sie als die gesprächsführende Person deshalb klar in Ihrer Absicht, verzichten Sie auf zweideutige Aussagen oder ironische Bemerkungen. Es gibt für eine Mitarbeitende nur wenig Schlimmeres, als nach einem Gespräch nicht zu wissen, was sie jetzt verbessern muss.

Das bedingt, dass Sie sich vor dem Gespräch überlegen, was Sie sagen beziehungsweise kritisieren wollen, und dass Sie alle zu kritisierenden Punkte auch klar benennen. Lassen Sie Ihre Mitarbeiterin Lösungsvorschläge machen und legen Sie am Schluss gemeinsam eines oder mehrere

WENN SIE NICHT MEHR WEITERKOMMEN

Wenn kein vernünftiges Gespräch mehr möglich ist, lohnt es sich, eine neutrale Drittperson beizuziehen. Sie sollte das Vertrauen beider Gesprächsparteien geniessen und unabhängig sein. Eignen könnte sich intern zum Beispiel jemand aus der Personalabteilung, extern ein Coach oder auch eine Mediatorin. Durch die unparteiische Aussensicht eines Vermittlers gelingt es oft, eine Einigung zwischen den Gesprächsparteien herbeizuführen.

Ziele fest, die sie bis zu einem bestimmten Zeitpunkt erreichen muss. Im Gespräch oben waren die Ziele, dem Kunden ein Entschuldigungsmail zu schreiben und sich in Zukunft an die Teamleiterin zu wenden. Diese Zielvereinbarung ist Grundlage für das nächste Gespräch, das Sie am besten gleich abmachen.

Am Kaffeetisch

Es gibt Vorgesetzte, die eine gewisse Zurückhaltung ihren Mitarbeitenden gegenüber wahren und sich zum Beispiel nie zu ihnen an den Kaffetisch setzen würden. «Es braucht eine gewisse Distanz, sonst ist es viel schwieriger zu führen», sagte mir einmal der Leiter einer kleinen Firma. Ein anderer, Abteilungsleiter auf einer Verwaltung, verbringt die Pausen bewusst nicht mit den Mitarbeitenden, weil diese «auch eine gewisse Privatsphäre brauchen und die Gelegenheit haben sollen, auch mal über den Chef zu lästern».
Beide Einstellungen mögen ihre Berechtigung haben und den Persönlichkeiten dieser Vorgesetzten entsprechen. Ich bin allerdings der Überzeugung, dass ein lockeres, informelles Gespräch zwischendurch dem Arbeitsklima sehr zuträglich sein kann. Weniger ideal ist dagegen eine zu grosse persönliche Nähe, denn diese kann das Zusammenarbeiten schwierig machen - vor allem, wenn das Arbeitsverhältnis einmal gespannt sein sollte.

Treffen Sie sich zwischendurch mit den Mitarbeitenden zum lockeren Gespräch, beachten Sie dabei aber gewisse Regeln.

Der Vorgesetzte bleibt auch beim ungezwungenen Gespräch mit den Mitarbeitenden der Chef, was eine völlig entspannte Atmosphäre verhindert.

Bedenken Sie: Für die Mitarbeitenden sind Sie immer der Vorgesetzte, auch bei der informellen Plauderei am Kaffeetisch. Bewusst oder unbewusst möchte jeder Mitarbeiter, jede Mitarbeiterin vor dem Chef «gut dastehen» und die Gelegenheit für eine kleine oder grössere Selbstdarstellung nutzen. Gleichzeitig wollen viele Chefs im informellen Gespräch zeigen, wie locker sie «drauf sind» und wie gut man mit ihnen auch über Persönliches reden kann. Das führt meist zu eher verkrampften Situationen. Gar peinlich wird es, wenn der Vorgesetzte auch beim Plaudern über Privates immer mal wieder erwähnt, dass er «dann im Fall der Chef» sei, aber über diese oder jene Geschichte aus dem Privatleben eines Mitarbeitenden «grosszügig hinwegsehen» würde – in einer solchen Situation verlieren Kaffeetischgespräche endgültig ihre Natürlichkeit.

TIPPS FÜR DAS INFORMELLE GESPRÄCH

Interessieren Sie sich für Ihre Mitarbeiterin und Ihren Mitarbeiter. Stellen Sie Fragen

> über das vergangene Wochenende
> über ihre Hobbys
> über seinen Verein
> über ihre Familie
> über seine Weltanschauung
> über ihren Kommentar zu den Wahlen
> über seinen Kommentar zum Fussballspiel.

Vermeiden Sie

> eine Wertung des Gehörten
> allzu persönliche Themen (Beziehungsprobleme, Sexualität)
> anbiedernde, joviale Sätze wie: «Zum Glück bin ich in deinem Privatleben nicht dein Chef, sonst …»

Viel besser ist es, wenn Sie im informellen Gespräch mit Ihren Mitarbeiterinnen und Mitarbeitern Ihr Machtbewusstsein nicht bei jeder Gelegenheit demonstrieren und stattdessen für eine angenehme Atmosphäre sorgen, indem Sie ungekünsteltes Interesse zeigen. Verzichten Sie auch darauf, Schilderungen aus Privatleben und Freizeit zu werten, denn ob Sie das wollen oder nicht: Mit der Wertung einer Aussage können Sie Ihren Mitarbeiter oder Ihre Mitarbeiterin verunsichern.

Versuchen Sie im informellen Gespräch ohne Autoritätsgebaren auszukommen. Begegnen Sie Ihren Mitarbeiterinnen und Mitarbeitern mit einem echten Interesse.

Die Mitarbeiterin sucht das Gespräch mit Ihnen

Für Sie als Vorgesetzte gehört es dazu, dass Sie (fast) immer ein offenes Ohr für Ihre Angestellten haben sollten. Das bedeutet natürlich nicht, dass man jederzeit in Ihr Büro kommen und ein Gespräch beginnen kann. Im Gegenteil, denn Sie wären unmöglich in jedem Fall eine gute Zuhörerin, weil

Vereinbaren Sie mit dem Mitarbeiter einen Termin. Fragen Sie ihn nach dem Thema des Gesprächs, so können Sie sich optimal vorbereiten und einen Zeitrahmen festlegen.

Sie ja vielleicht gerade noch mit anderem beschäftigt sind.
Sorgen Sie dafür, dass Sie zum vereinbarten Zeitpunkt ungestört miteinander sprechen können. Wenn Sie sich Zeit nehmen und die volle Bereitschaft mitbringen, zuzuhören, erfüllen Sie die wichtigsten Voraussetzungen für ein gutes Gespräch.
Im Folgenden werden zwei typische Gesprächssituationen näher beleuchtet.

Will der Mitarbeiter wirklich mehr Lohn?

Ein Mitarbeiter teilt seiner Chefin mit, dass er gerne über eine Lohnerhöhung reden möchte. Die Vorgesetzte hat im Moment zwar wenig finanziellen Spielraum, zumal die Löhne erst im letzten Jahr generell nach oben angepasst wurden. Trotzdem lädt sie ihren Mitarbeiter zu einem Gespräch ein. Nennen wir den Mitarbeiter Alfred Burkhardt, abgekürzt M für Mitarbeiter, die Vorgesetzte ist im nachfolgenden Gespräch als V aufgeführt:

Gespräch mit einem Mitarbeiter – Teil 1

V: «Guten Tag, Herr Burkhardt, ich freue mich, Sie wieder einmal zu sehen. Wie geht es Ihnen?»
M: «Danke, nicht schlecht. Mal besser, mal schlechter, aber grundsätzlich nicht schlecht.»

Als aufmerksame Zuhörerin merkt die Vorgesetzte schon jetzt, dass Herrn Burkhardt offensichtlich etwas bedrückt («grundsätzlich nicht schlecht»). Natürlich könnte sie über diese häufig verwendeten Begrüssungsfloskeln – wie das im Alltag oft geschieht – hinwegsehen, aber wahrscheinlich lohnt es sich in diesem Fall, aufmerksam hinzuhören und nachzufragen:

V: «Das klingt aber nicht gerade fröhlich. Wo drückt Sie denn der Schuh?»
M: «Ach, nirgends so richtig. Es ist mal dies, dann das.»
V: «Bedrückt Sie denn im Geschäft etwas?»
M: «Nein, nein, da ist eigentlich alles in Ordnung.»

Das Wort «eigentlich» sollte die Chefin hellhörig machen. Es wird oft unbedacht eingesetzt, und trotzdem lässt es darauf schliessen, dass nicht «alles» in Ordnung ist. Sie fragt nach:

V: **«Eigentlich? Was ist denn nicht in Ordnung?»**
M: **«Nun, wenn Sie mich so direkt fragen: Wir haben es auf unserer Abteilung sehr streng, ich habe den Eindruck, ich arbeite immer mehr und verdiene trotzdem immer gleich viel.»**
V: **«Das ist ja auch der Grund, warum Sie mit mir reden wollten, Sie möchten ja mehr Lohn.»**
M: **«Ja. Wissen Sie, ich verdiene ja nicht schlecht, aber irgendwie hab ich wirklich das Gefühl, ich müsste immer mehr leisten, ohne dass auch mal etwas zurückkommt.»**

Im ungünstigeren Fall könnte das Gespräch jetzt folgenden Verlauf nehmen:

Gespräch mit einem Mitarbeiter – Teil 2
V: **«Das ist natürlich nicht gut. Aber Sie sind sich sicher bewusst, dass wir alle im Moment etwas härter ranmüssen, ich meine, es ist wirtschaftlich eine schwierige Zeit, und wir können froh sein, dass wir alle noch eine Stelle haben.»**
M: **«Ja, aber deswegen müssen wir Angestellten uns doch nicht alles gefallen lassen, oder?»**
V: **«Ich an Ihrer Stelle würde mich nicht beklagen. Sie haben einen schönen Lohn und im Moment noch eine sichere Stelle.»**

Im günstigeren Fall aber hat die Vorgesetzte bemerkt, dass der Mitarbeiter nicht in erster Linie vom Lohn spricht, sondern davon, dass «etwas zurückkommen» sollte. Sie versucht deshalb, mit eigenen Worten zusammenzufassen, was sie soeben (heraus-)gehört hat. In der Fachsprache wird dieses Vorgehen Paraphrasieren genannt (mehr zu dieser Technik auf Seite 61):

Gespräch mit einem Mitarbeiter – Teil 2
V: **«Herr Burkhardt, wenn ich Sie richtig verstehe, haben Sie das Gefühl, Ihre Arbeit und Ihr Einsatz würden zu wenig wertgeschätzt? Stimmt mein Eindruck?»**
M: **«Es ist mir ein bisschen peinlich, aber es geht eigentlich schon darum, ja. Ich meine, ich arbeite wirklich viel, mehr noch als im letzten Jahr, und das wird einfach als selbstverständlich hingenommen, ohne dass man mal etwas hören würde.»**

Jetzt liegt es an der Chefin, die eher schwammige Formulierung zu verdeutlichen:

V: «Sie würden also gerne mal ein Lob hören für Ihren Einsatz?»
M: «Ja.»
V: «Herr Burkhardt, es tut mir leid, da hätte ich selber draufkommen können. Sie arbeiten nämlich tatsächlich sehr viel im Moment, und ich weiss das ausserordentlich zu schätzen. Es ist falsch, dass ich Ihnen das nicht schon viel eher gesagt habe, denn Ihre Arbeit und Ihr Einsatz sind für die Firma sehr wertvoll.»
M: «Das freut mich sehr zu hören. Ich dachte wirklich, das sei alles selbstverständlich, und wusste nicht, was ich denn noch leisten sollte, damit meine Arbeit auch wirklich geschätzt wird.»

Spätestens in diesem Moment wird deutlich, dass es Herrn Burkhardt gar nicht nur um eine Lohnerhöhung gegangen ist, sondern vor allem darum, wieder einmal eine Anerkennung zu bekommen. Trotzdem wäre es falsch, das Gespräch jetzt hier abzubrechen. Um das Vertrauen des Mitarbeiters ganz zurückzuerhalten, braucht es seitens der Vorgesetzten jetzt noch eine verbindliche Aussage:

Gespräch mit einem Mitarbeiter – Schluss

V: «Herr Burkhardt, damit ich Ihnen in Zukunft mehr konstruktives Feedback geben kann – wollen wir uns dann und wann zu einem solchen Gespräch treffen?»
M: «Das fände ich sehr gut.»
V: «Dann können wir ja auch gemütlich einen Kaffee zusammen trinken, einverstanden?»
M: «Einverstanden. Und vielen Dank für Ihr offenes Ohr.»
V: «Ich bedanke mich ebenfalls für Ihre Offenheit.»

Weil die Vorgesetzte bei der gelungenen Variante sehr gut zugehört und mit einer geschickten Fragetechnik die Gesprächsführung übernommen hat, führt die Unterredung zu einem befriedigenden Ergebnis. Die Chefin hatte in diesem Gespräch die anspruchsvolle Aufgabe, die nicht ausdrücklichen, also die sogenannt impliziten Botschaften herauszuhören, was ihr hervorragend gelungen ist (mehr zu impliziten Botschaften siehe Seite 46).
Nicht immer kommen Gespräche mit den Mitarbeitenden so schnell zu einem guten Ende. Vor allem dann nicht, wenn sich offensichtlich grosser Frust aufgestaut hat, wie das folgende Beispiel zeigt.

Aufmerksam hinhören beim Frustgespräch

Beteiligt an diesem Gespräch sind der Vorgesetzte Heinrich Vogel (V) und der Mitarbeiter Hans Schlagenhauf (M):

Frustgespräch – Teil 1

V: «Herr Schlagenhauf, wie geht es denn?»

M: «Schlecht.»

V: «Schlecht? Warum denn?»

M: «Wegen der miesen Stimmung auf unserer Abteilung, das ist ja nicht mehr auszuhalten. Angefangen beim Teamleiter, der ist ja wirklich eine ganz schwierige Besetzung, bis hin zu dieser neuen Sachbearbeiterin, die hat nämlich keine Ahnung.»

In diesem Gespräch, das ist jetzt bereits deutlich, wird der Vorgesetzte indirekt angegriffen, denn die Wahl des Teamleiters sowie die Einstellung der neuen Sachbearbeiterin hat er zu verantworten. Da könnte es schnell zu einer lautstarken Auseinandersetzung kommen. Am besten fährt Chef Vogel, wenn er ruhig Blut bewahrt, sich selber aus dem Spiel nimmt und durch eine klare, zielführende Fragestellung herauszufinden versucht, wo das Problem genau liegt. Idealerweise unterteilt er die geballte Ladung an Vorwürfen zunächst in einzelne Punkte. Er wendet dazu die Fragetechnik des Step down an, um den Mitarbeiter konkrete Vorfälle beziehungsweise Probleme schildern zu lassen. In einer zweiten Phase macht er einen Step up, der ihn das wirkliche Problem erkennen lässt (zur Fragetechnik des Step down/Step up siehe Seite 68).

Frustgespräch – Teil 2

V: «Nun mal langsam, Herr Schlagenhauf. Da scheint sich ein ziemlicher Frust angestaut zu haben. Fangen wir vorne an. Sie finden die Stimmung schlecht. Woran können Sie das festmachen?»

M: «Keiner traut mehr dem anderen, ständig wird hintenherum geschwatzt. Echt, das ist unmöglich. Am meisten ist es die Ursula Gross, die über andere redet, schlecht redet, notabene.»

V: «Redet sie Ihnen gegenüber schlecht über andere?»

M: «Nein, aber ich habe schon gehört, wie sie anderen gegenüber schlecht über Abwesende geredet hat.»

V: «Aber dann reden wir hier nicht über alle, die hintenherum reden, sondern vor allem über Ursula Gross?»

M: «Ja, von mir aus. Aber mich stört das.»

V: «Zudem finden Sie Ihren Teamleiter eine Fehlbesetzung. Darf ich fragen, warum?»

M: «Weil er nichts kann.»

V: «Weil er was nicht kann?»

M: «Vor allem ein Team leiten. Das kann er nicht.»

V: «Woran sehen Sie das konkret?»

M: «Indem er zum Beispiel diese Ursula Gross einfach machen lässt.»

V: «Was meinen Sie mit: einfach machen lässt?»

M: «Ja, dass die ungehindert über andere lästern kann.»
V: «Weiss der Teamleiter das denn? Haben Sie mit ihm schon einmal darüber geredet?»
M: «Nein, aber der müsste das selber merken.»

Langsam wird deutlich, dass der Frust von Herrn Schlagenhauf tiefer liegt – offensichtlich hat er mit dem Teamleiter und seiner Kollegin Gross ein anderes Problem, als es zunächst schien.

Frustgespräch – Teil 3
V: «Herr Schlagenhauf, haben Sie womöglich den Eindruck, dass der Teamleiter Frau Gross bevorzugt behandelt?»
M: «Ja, das kann sein.»
V: «Macht er denn auch sachliche Fehler, versteht er zu wenig von seinem Gebiet?»
M: «Nein, so direkt kann man das nicht sagen. Es ist wirklich vor allem so, dass er diese Ursula Gross so bevorzugt, und auch diese neue Sachbearbeiterin, das stört mich.»
V: «Warum stört Sie das? Weil er Sie zu wenig zur Kenntnis nimmt?»
M: «Der weiss wahrscheinlich gar nicht, dass es mich gibt.»
V: «Obwohl Sie schon … wie lange auf der Abteilung sind? 13 Jahre?»
M: «Zwölf.»
V: «Zwölf Jahre. Und Sie haben den Eindruck, er nehme Sie nicht zur Kenntnis.»
M: «Ja, so ist es.»
V: «Haben Sie denn den Kontakt zu ihm schon gesucht?»
M: «Nein. Der interessiert sich doch sowieso nur für die Frauen auf der Abteilung. Und die himmeln ihn natürlich an, er ist ja auch ihr direkter Vorgesetzter.»

Jetzt wird es konkret: Offensichtlich ist Herr Schlagenhauf neidisch auf den Teamleiter. Implizit, also nicht ausdrücklich, schwingt aber auch noch eine andere Botschaft mit – erraten Sie welche?

Frustgespräch – Teil 4
V: «Herr Schlagenhauf, darf ich Sie mal etwas fragen?»
M: «Ja, sicher.»
V: «Sie sind jetzt schon zwölf Jahre auf der Abteilung, seit zwei Monaten haben Sie einen neuen Teamleiter, der von aussen gekommen ist.»
M: «Ja, so ist es.»
V: «Kann es sein, dass Sie diese Position selber gerne eingenommen hätten?»
M: «Mich hat ja niemand gefragt.»
V: «Meine Frage war, ob Sie es gerne geworden wären.»
M: «Wenn mich niemand fragt …»
V: «Wieso haben Sie sich nicht beworben, als die Stelle ausgeschrieben war?»

M: «Weil ich nach zwölf Jahren erwartet hätte, dass man auf mich zukommen würde.»
V: «Und dass wir von der Geschäftsleitung das nicht gemacht haben, hat Sie verletzt?»
M: «Wenn Sie mich so direkt fragen: Ja, das hat mich verletzt.»
V: «Und dafür trifft es jetzt Ihren Teamleiter, dem Sie keine Chance geben.»
M: «Ja, wahrscheinlich.»
V: «Herr Schlagenhauf – ich glaube, da müssen wir ansetzen. Wollen wir vielleicht darüber diskutieren, bevor wir weiter über die anderen Beteiligten reden? Und später könnten wir ja einmal eine Aussprache suchen – zu dritt: Sie, der Teamleiter und ich. Was halten Sie davon?»

Dank der umsichtigen Gesprächsleitung des Vorgesetzten hat das Gespräch eine unvorhergesehene und – vor allem – positive Wendung genommen. Es hätte auch anders verlaufen und unter Umständen zu einem Gesichtsverlust für beide Seiten, vor allem aber für den Mitarbeiter, führen können.

Mit einer geschickten und konsequenten Fragetechnik dringen Sie immer tiefer zum Kern des Problems vor.

Das Kunststück des Vorgesetzten bestand hier darin, das eigentliche Anliegen von Herrn Schlagenhauf zu erkennen. Er liess den Mitarbeiter zunächst mit einem fortwährenden Step down konkrete Beispiele erzählen und ging später über zu einer geschlossenen, sehr gezielten Fragetechnik. Gleichzeitig hörte er auch auf die impliziten Botschaften und spürte damit unter anderem die Verletzung heraus, die Herr Schlagenhauf erlebt hatte, als er bei der Teamleiterwahl übergangen wurde. Damit schafft der Vorgesetzte die ideale Basis für das geplante Dreiergespräch.

CHECKLISTE FÜR GESPRÄCHE, DIE DER MITARBEITER ANREGT

- ☐ Nehmen Sie sich Zeit für das Gespräch.
- ☐ Vereinbaren Sie mit dem Mitarbeitenden einen Termin und erkundigen Sie sich nach dem Thema, damit Sie sich vorbereiten können.
- ☐ Bringen Sie ein echtes Interesse für sein Anliegen mit.
- ☐ Seien Sie wirklich bereit für das Gespräch. Achten Sie darauf, dass Sie nicht durch andere Arbeiten abgelenkt sind.
- ☐ Lassen Sie sich durch eine offene Fragestellung das Anliegen des Mitarbeiters schildern.
- ☐ Hören Sie aufmerksam zu, möglicherweise benennt der Mitarbeiter sein eigentliches Anliegen nicht ausdrücklich und Sie müssen implizite Botschaften entschlüsseln.
- ☐ Fragen Sie immer wieder nach Beispielen und konkreten Schilderungen von Erlebnissen.
- ☐ Kommen Sie durch eine geschlossene Fragestellung auf den Kern des Problems.
- ☐ Vereinbaren Sie weitere Schritte, wenn das Problem nicht gelöst werden konnte.

7.6 Das Entlassungsgespräch

Zu den schwierigsten Gesprächssituationen überhaupt gehören Entlassungen: Eine Kündigung kann Betroffenen den Boden unter den Füssen wegziehen. Fairness ist deshalb oberstes Gebot.

Die Absicht für Sie als Vorgesetzten ist klar: Sie werden Ihren Mitarbeiter entlassen. Ihr Mitarbeiter im Gegenzug hat möglicherweise eine völlig andere Absicht, nämlich weiterhin für Sie und die Firma zu arbeiten. Dieser Interessenkonflikt kann zu grossen Auseinandersetzungen und zu heftigen emotionalen Ausbrüchen bis hin zu einem Trauma führen. Aus diesem Grund ist es wichtig, dass Sie als Vorgesetzter ein Entlassungsgespräch «richtig» führen: so, dass Ihr Mitarbeiter aus dem Gespräch herausgehen kann, ohne seine Würde verloren zu haben.

Den Mitarbeiter vorwarnen

Ein Entlassungsgespräch kommt, ausser bei einer fristlosen Kündigung, auch für den Mitarbeiter selten aus heiterem Himmel. Normalerweise wurde er zuvor ein- bis zweimal verwarnt, oder es wurden mit ihm Leistungsziele vereinbart, bei denen er mit einer Kündigung rechnen musste, wenn er sie nicht erreichte. Trotzdem: Bevor Sie als Vorgesetzter Ihren Mitarbeiter zu einem Kündigungs- oder Entlassungsgespräch einladen, geben Sie ihm die Möglichkeit, sich innerlich auf ein schwieriges Gespräch vorzubereiten.

Laden Sie Ihren Mitarbeiter vor einem Entlassungsgespräch schriftlich oder mündlich zu einem Gespräch über «ein schwieriges Thema» ein.

Er soll wissen, dass er nicht zum Plaudern zu Ihnen ins Büro kommt, dann ist auch der Schock über die ausgesprochene Kündigung nicht so gross.

Schlechte Nachrichten überbringen

Bei einem Entlassungsgespräch ist es besonders wichtig, dass Sie in der Absicht klar sind und mit dieser festen Haltung auch dem Mitarbeitenden gegenübertreten. Es gibt nichts Schlimmeres für einen Angestellten, als im Verlaufe des Gesprächs selber herausfinden zu müssen, dass ihm soeben gekündigt wurde. Sprechen Sie diese Tatsache daher möglichst früh direkt aus.

Lassen Sie den Mitarbeiter nicht zu lange im Ungewissen. Teilen Sie ihm möglichst zu Beginn des Gesprächs mit, dass es um seine Kündigung geht.

Stellen wir uns ein Gespräch zwischen dem Sachbearbeiter Martin Hess (M) und seinem Vorgesetzten Peter Keller (V) vor. Im vergangenen halben Jahr hat der Vorgesetzte Keller bereits zweimal mit Martin Hess über die mangelhafte Qualität eines Teils seiner Arbeit gesprochen und gemeinsam mit ihm vereinbart, dass sich diese in den nächsten Monaten deutlich verbessern muss. Jetzt ist Martin Hess zum vereinbarten Zeitpunkt zu seinem Chef ins Büro gekommen.

V: «Martin, ich habe dich heute zu mir gebeten aus einem Anlass, der auch für mich nicht ganz einfach ist. Es geht leider wieder um die Qualität deiner Arbeit. Ich möchte dir zuerst meinen Standpunkt darlegen, bevor ich anschliessend dir das Wort geben möchte. Ist das gut für dich?»
M: «Ja.»
V: «Vor drei Monaten haben wir vereinbart, dass sich die Qualität deiner Arbeit in zwei Punkten merklich verbessern sollte, du erinnerst dich. Andernfalls, so sagte ich dir, sähe ich mich gezwungen, mich von dir zu trennen. Und das ist jetzt leider der Fall. Martin, ich kündige dir. Selbstverständlich gilt die im Vertrag festgesetzte Kündigungsfrist von drei Monaten.»

KÜNDIGUNG GUT BEGRÜNDEN

Auch wenn wirtschaftliche Gründe Sie zu Entlassungen zwingen: Ihr Entscheid muss gut begründet sein. Es reicht dem Betroffenen kaum zu hören, dass die Firma gezwungen ist, Stellen abzubauen. Denn auch in diesem Fall wird er wissen wollen, warum es gerade ihn trifft. Bereiten Sie sich gut auf das Gespräch vor und erarbeiten Sie einen Argumentationskatalog, der dem Mitarbeiter die Möglichkeit gibt, ohne Gesichtsverlust aus dem Gespräch zu gehen.

Überlegen Sie sich vor dem Gespräch, was und vor allem auch wie Sie es sagen wollen. Ein klares Ziel und eine korrekte Argumentation sind bei einem Kündigungsgespräch unabdingbar.

(Fast) alle Reaktionen sind in Ordnung

Mit dem Aussprechen der Kündigung ist der schwierigste Teil des Gesprächs geschafft, aber die wirkliche Unterhaltung fängt jetzt erst an. Geben Sie Ihrem Mitarbeiter zunächst die Möglichkeit, auf Ihre Worte zu reagieren. Seien Sie auf verschiedenste Reaktionen gefasst: Niedergeschlagenheit, Schweigen, Frust, Wut, Trauer, Entsetzen, Gleichgültigkeit. Jede dieser Reaktionen darf sein und muss entsprechend Platz haben.

Lassen Sie die Reaktionen des Mitarbeiters zu und geben Sie ihm Zeit, seine Gedanken zu ordnen.

Sagen Sie auf keinen Fall: «Jetzt tu nicht so!» oder: «Das ist doch nicht so schlimm». Sondern erörtern Sie Ihrem Mitarbeiter, wenn der erste Schreck verdaut ist, warum Sie zu diesem Entscheid gekommen sind. Sagen Sie ihm, dass er seine beruflichen Qualitäten, die er durchaus hat, an einem anderen Ort wahrscheinlich besser einsetzen kann.

Falls die Emotionen des Mitarbeiters zu heftig sind und eine ruhige Unterhaltung nicht möglich ist, fragen Sie ihn, ob er das Gespräch lieber zu einem späteren Zeitpunkt fortsetzen möchte. Das bedeutet für Sie zeitlich und emotional vielleicht einen grösseren Aufwand, aber für einen guten Abschluss ist es wichtig, dass Sie dem Mitarbeiter diese Möglichkeit einräumen.

Denken Sie daran, dass Sie in der stärkeren Position sind: Sie bleiben, Ihr Mitarbeiter muss gehen. Auch wenn er Sie in der Vergangenheit öfters mal genervt oder sogar enttäuscht hat, im Entlassungsgespräch hat er einen respektvollen Umgang verdient – egal, wie er auf die schlechte Nachricht reagiert.

Qualitäten herausstreichen

Wichtig ist Ihre Grundhaltung während des Kündigungsgesprächs. Kein Mensch ist einfach «schlecht» oder «eine Pfeife» und «kann nichts» – Ausdrücke, die ich von Vorgesetzten schon bei verschiedenen Gelegenheiten gehört habe. Denken Sie daran, auch wenn Ihr Mitarbeiter Sie vielleicht enttäuscht oder Ihre Erwartungen nicht erfüllt hat. Sagen Sie das im Kündigungsgespräch auch genau so: «Du hast meine Erwartungen nicht erfüllt.» Benennen Sie konkret die Punkte, in denen dies der Fall war, das zeigt ihm nämlich, dass er auf anderen Gebieten seine Leistungen durchaus erbracht hat.

Beschränken Sie Ihre Kritik auf die Bereiche, in denen Sie mit der Arbeit Ihres Mitarbeiters unzufrieden sind, und allenfalls auf eine persönliche Unverträglichkeit. Verallgemeinern Sie nicht.

Der Mitarbeiter muss spüren oder, noch besser, hören, dass er auf anderen Gebieten Qualitäten hat und dass er mit anderen Menschen möglicherweise problemlos zusammenarbeiten kann. Das gibt ihm das Gefühl, dass er als Mensch und Arbeitnehmer grundsätzlich in Ordnung und nicht ein totaler Versager ist. Versuchen Sie, diese Haltung einzunehmen, auch wenn es Sie, gerade im Fall einer persönlichen Enttäuschung oder inneren Ablehnung, Überwindung kostet.

WAS TUN, WENN DER MITARBEITER UNGEHALTEN REAGIERT?

Natürlich kann es sein, dass ein Mitarbeiter auf eine Kündigung ungehalten oder gar unflätig reagiert, vor allem, wenn das Verhältnis zwischen Ihnen und ihm ohnehin nicht das beste war. Setzen Sie in einem solchen Fall klare Grenzen. Bleiben Sie sachlich und greifen Sie ihn nicht auch an. Verlangen Sie von ihm, dass er fair bleibt – Sie sind es auch. Brechen Sie notfalls das Gespräch ab und schlagen Sie vor, es zu einem anderen Zeitpunkt fortzusetzen. Vielleicht ist ein Gespräch möglich, wenn der erste Schock überwunden ist.

Fest bleiben

Vielleicht versteht der gekündigte Mitarbeiter nicht, wie Sie zu Ihrem Entscheid kommen – auch wenn Sie alle sachlichen und persönlichen Argumente sorgfältig dargelegt haben. Möglicherweise beurteilt er seine Leistung ganz anders. Verwenden Sie deshalb niemals Formulierungen wie: «Ich habe das Gefühl, dass Sie ...» und «Man bekommt bei Ihnen den Eindruck, dass Sie ...», denn da kann der Mitarbeiter jederzeit kontern, dass er einen ganz anderen Eindruck hat.

MEHREREN LEUTEN GLEICHZEITIG KÜNDIGEN

Eine besonders gute Vorbereitung braucht es, wenn Sie mehreren Leuten gleichzeitig kündigen (müssen). Es gibt bessere und schlechtere Vorgehensweisen; zu den schlechteren gehört jene, die sich in einem Schweizer Medienhaus zugetragen hat. Die Mitarbeiterinnen und Mitarbeiter der Redaktion wurden am Morgen spontan zu einer Orientierungsveranstaltung eingeladen. Dort wurde ihnen vom zuständigen Abteilungsleiter eröffnet, dass die wirtschaftliche Lage leider sehr schlecht sei und dass deswegen acht Leute entlassen würden. Dann bat der Abteilungsleiter die Anwesenden, zurück in ihr Büro zu gehen und die Mailbox zu öffnen. «Er sagte uns, dass die acht Betroffenen im Verlauf der nächsten halben Stunde ein Mail erhalten würden», schilderte mir ein Mitarbeiter. «Es war eine schreckliche Situation, wir kamen uns vor wie Schiessbudenfiguren, auf die mit einem Luftgewehr geschossen wird.»

Das Verhalten der Vorgesetzten ist nachvollziehbar: Sie fürchteten sich offensichtlich vor heftigen Gefühlsausbrüchen, weswegen sie die Kündigungen möglichst schnell und «sauber» durchziehen wollten. Doch indem sie sich der direkten Konfrontation mit den Mitarbeitenden entzogen, schafften sie ein Klima der Verunsicherung und verstärkten die Gefühle des Ausgeliefertseins.

Besser ist das Vorgehen, das ein anderes Verlagshaus bei der Kündigung von über 20 Mitarbeitenden gewählt hat. Der zuständige Chefredaktor lud seine Mitarbeitenden ebenfalls zu einer Orientierungsversammlung ein – allerdings nicht spontan, sondern mit einem Tag Vorlauf und der Ankündigung, über einen bevorstehenden grösseren Stellenabbau zu berichten. Noch am gleichen Abend, also am Abend vor der Versammlung, rief er alle betroffenen Mitarbeitenden an und informierte sie, dass ihnen gekündigt würde. Über das weitere Vorgehen, sagte er ihnen, werde er in einem persönlichen Gespräch orientieren – wichtig sei jetzt, dass sie vor der Orientierungsversammlung am nächsten Tag informiert seien. Diese verlief entsprechend ruhig, und auch die gekündigten Mitarbeitenden hatten das Gefühl, fair behandelt worden zu sein.

Besser sagen Sie: «Ich habe festgestellt, dass …» oder: «Ich bin nach längerer Überlegung zum Schluss gekommen, dass …» Lassen Sie an Ihrem Standpunkt beziehungsweise an Ihrem einmal gefassten Entscheid auch keine Zweifel aufkommen, sonst laufen Sie Gefahr, sich bald einmal im Kreis zu drehen. Mit einer guten Vorbereitung, direkten Äusserungen sowie einer gefestigten Haltung lässt sich das vermeiden. Damit ist auch dem Betroffenen besser gedient, als wenn er den vagen Eindruck bekommt, er könne Ihren Entscheid eventuell noch umstossen.

CHECKLISTE: SO KÜNDIGEN SIE FAIR

- ☐ Geben Sie dem Mitarbeiter Gelegenheit, sich auf das Kündigungsgespräch vorzubereiten. Laden Sie ihn einen halben oder einen ganzen Tag vorher zu einem Gespräch ein, zum Beispiel, indem Sie ankündigen, dass ein «schwieriges Thema besprochen werden» müsse.
- ☐ Seien Sie klar in Ihrer Absicht und äussern Sie sie unmissverständlich. Eröffnen Sie dem Mitarbeiter bereits zu Beginn des Gesprächs, dass Sie ihn entlassen.
- ☐ Kritisieren Sie in der Begründung nur die Bereiche, in denen seine Arbeit ungenügend war. Der Mitarbeiter muss wissen, dass seine Fähigkeiten an einem anderen Ort durchaus gefragt sein könnten.
- ☐ Wenn Sie und der Mitarbeiter nicht miteinander klarkommen, betonen Sie, dass es sich um eine persönliche Unverträglichkeit handelt - möglicherweise kann es in einer anderen Kombination sehr gut funktionieren.
- ☐ Rechnen Sie mit allen möglichen Reaktionen, von Frust über Wut bis hin zu Trauer, und akzeptieren Sie diese.
- ☐ Falls ein ausführliches Gespräch, in dem Sie und der Mitarbeiter sowohl zurück- wie auch vorausblicken, zu diesem Zeitpunkt nicht möglich ist, verschieben Sie es verbindlich auf später.
- ☐ Der Mitarbeiter muss ohne Gesichtsverlust aus einem Kündigungsgespräch herausgehen können.

Teil III

Besonderheiten einiger Berufe

8 So gelingen Verkaufsgespräche

Ob Sie im Detailhandel angestellt sind oder Finanzprodukte verkaufen: Es ist wichtig, dass die Begegnung mit Kunden und Kundinnen von der ersten Sekunde an gut verläuft. Das Geheimnis heisst: aufmerksam zuhören, verständlich erklären, ehrlich beraten.

8.1 Verkaufen im Detailhandel

«Verkäufer sein ist schön, nur die Kunden nerven.» Mit dieser Einstellung werden Sie nie punkten. Denn Kundinnen und Kunden wollen zuvorkommend bedient und ehrlich beraten werden – und sie wollen sicher sein, dass sie dasjenige Produkt bekommen, das ihre Bedürfnisse am besten abdeckt.

An Sie als Verkäuferin werden viele Ansprüche gleichzeitig gestellt. Mit dem nötigen Bewusstsein können Sie sie problemlos erfüllen.

Im Grunde genommen ist es ganz einfach: Der Kunde kommt zu Ihnen ins Geschäft, weil er etwas kaufen will. Er erwartet deshalb von Ihnen, dass Sie ihm freundlich begegnen und ihm das, was er sucht, verkaufen können. Dazu gehört, dass Sie ihn gut und ehrlich beraten und ihm nur geeignete Produkte empfehlen. Können Sie ihm nicht weiterhelfen, ist er Ihnen dankbar für einen Tipp, wo er sonst fündig werden könnte. Kundinnen und Kunden schätzen eine differenzierte und ehrliche Beratung – dann kommen sie gerne wieder und empfehlen Ihr Geschäft weiter.

So weit die Theorie. In Wirklichkeit, dessen bin ich mir bewusst, ist alles ein bisschen komplizierter: Vielleicht ist das Geschäft voller Leute, die alle etwas von Ihnen wollen – da ist es schwierig, lange Gespräche zu führen. Vielleicht hatten Sie auch bereits ein paar mühsame Kunden und sollten doch freundlich und aufmerksam sein. Und geht das überhaupt: sich für jeden Kunden und seine Bedürfnisse wirklich interessieren? Ja, es geht. Es muss gehen, denn sonst schaden Sie dem Ruf Ihres Geschäfts, und der betroffene Kunde kommt nicht mehr.

Die Haltung machts aus

Für ein erfolgreiches Gespräch ist Ihre positive Einstellung ausschlaggebend. Im Idealfall heisst sie: «Die Kundin kauft mir etwas ab, dank ihr verdiene ich meinen

Lohn.» Aber natürlich soll Ihre Haltung nicht nur von Dankbarkeit geprägt sein, sondern auch von Stolz, denn immerhin haben Sie auch etwas zu bieten: Erfahrung, Fachwissen und – hoffentlich – das passende Produkt.

Das Geld der Kundin gegen Ihre Kompetenz und Ihr Produkt: das ist der Tauschhandel beim Verkaufsgespräch. Damit er zustandekommt, muss die Kundin Ihrer Beratung vertrauen.

Diese Tatsachen bieten die besten Voraussetzungen für ein Gespräch auf Augenhöhe: Keiner von Ihnen beiden muss eine unterwürfige Haltung einnehmen, Sie können im Idealfall ja voneinander profitieren. Versuchen Sie also, der Kundin genau dieses Gefühl zu vermitteln, dann fühlt sie sich von Ihnen ernst genommen und wertgeschätzt.

Die Körpersprache ist für den ersten Eindruck, den der Kunde von Ihnen hat, ausschlaggebend. Er entscheidet innert Sekunden, ob Sie ihm sympathisch sind oder nicht.

Um eine vertrauensvolle Beziehung zu Ihrem Kunden aufzubauen, haben Sie nicht viel Zeit. Der Kunde macht sich nämlich, kaum hat er Sie erblickt, ein Bild von Ihnen, und er entscheidet in Sekundenbruchteilen, ob er mit Ihnen eine partnerschaftliche (Geschäfts-)Beziehung eingehen möchte.

Was Sie mit der Körpersprache ausdrücken

Mit Ihrer Körpersprache können Sie viel bewirken: Gehen Sie auf den Kunden, die Kundin zu. Signalisieren Sie Offenheit, indem Sie Ihren Körper und Ihre Arme (mit den Handinnenflächen) zum Kunden hin öffnen. Denken Sie auch an Ihre Mimik, halten Sie den Mund leicht geöffnet und lächeln Sie – das schafft gleich ein entspanntes Verhältnis.

Sind Sie gerade im Gespräch mit einer anderen Kundin oder noch mit einer anderen Tätigkeit beschäftigt, geben Sie dem soeben eingetretenen Kunden zur Begrüssung wenigstens ein kurzes Zeichen: Nicken Sie ihm freundlich zu, sagen Sie, dass Sie gleich für ihn da sein werden.

Wenn Sie gerade anderweitig besetzt sind, signalisieren Sie dem Kunden, dass Sie ihn wahrgenommen haben.

SO NICHT: KLEINE DÄCHLIKAPPE, GROSSER SCHADEN

Im Spätherbst – zugegeben vielleicht nicht ganz jahreszeitgemäss – wollte ich einmal für eine Wanderung eine Dächlikappe kaufen gehen. Im Bahnhof, kurz bevor mein Zug fuhr, ging ich in ein Bekleidungsgeschäft. Hinter dem Tresen stand, von der Tür abgewandt, eine Verkäuferin – sie feilte gerade ihre Nägel. Ich fühlte mich nicht sehr willkommen, trat aber trotzdem auf sie zu, entschuldigte mich für die Störung und fragte, ob sie Dächlikappen im Sortiment führe. «Dächlikappen? Sie meinen einfach Mützen? Da müssen Sie da hinten schauen, vielleicht hat es etwas», murrte sie und widmete sich weiter ihren Nägeln. Tatsächlich fand ich ganz hinten in einem Gestell, das mit «Aktion» beschriftet war, ein paar Dächlikappen – Restposten vom Sommerschlussverkauf. Der Preis war herabgesetzt auf fünf Franken das Stück. Jetzt begriff ich, dass die Frau wenig Interesse daran hatte, mir im Spätherbst eine Dächlikappe zu verkaufen – für ihren Umsatz war dieses Geschäft nicht eben förderlich, da hätte ein Winterpullover bedeutend mehr gebracht. Einen solchen wird sie mir jedoch nie verkaufen können. Denn ihr Verhalten – ihre demonstrative Unlust, ihre abweisende Köperhaltung, ihre mangelnde Hilfsbereitschaft – haben einen nachhaltigen Schaden angerichtet: Ich habe zwar die Dächlikappe gekauft, aber gleichzeitig beschlossen, diesen Laden nie wieder zu betreten.

Geschickte Frage- und Zuhörtechnik

Klären Sie als Erstes ab, ob der Kunde eine Beratung wünscht oder sich lieber erst selber umsieht. Entscheidet er sich für ein Beratungsgespräch, können Sie die Gesprächsführung übernehmen. Stellen Sie dem Kunden zunächst einige offene Fragen, um eine Vorstellung von seinen Bedürfnissen zu bekommen, zum Beispiel:

> «Was suchen Sie denn?»
> «Haben Sie eine Vorstellung, wie es etwa aussehen sollte/wie gross es sein sollte?»
> «Haben Sie sich überlegt, wie viel es etwa kosten dürfte?»

Viele Kunden haben keine konkrete Vorstellung von dem, was sie suchen, oder sie können sich nur vage ausdrücken, weil sie vielleicht ein bestimmtes Produkt in einer

Zeitschrift abgebildet gesehen haben oder weil ihnen jemand davon erzählt hat. In diesem Fall ist es an Ihnen, durch eine geschickte Fragetechnik («Wie sieht das Produkt denn aus?», «Was kann es?» usw.) herauszufinden, was der Kunde genau sucht. Diese Fragetechnik heisst Step down und bedeutet, einen «Schritt hinunter» auf die Ebene der konkreten Schilderung zu machen (mehr zur Technik des Step down siehe Seite 69).

Verschaffen Sie sich durch gezieltes Nachfragen eine genauere Vorstellung von dem, was Ihr Kunde braucht.

Hören Sie seinen Schilderungen aufmerksam zu. Signalisieren Sie ihm, dass Sie verstanden haben, was er sagt, indem Sie seine Antworten «spiegeln». Eine Antwort zu spiegeln bedeutet, das Gesagte wörtlich zu wiederholen, es mit eigenen Worten zusammenzufassen oder das, was Sie gefühlsmässig wahrnehmen, in Worten wiederzugeben (mehr dazu Seite 61).

Wenn Sie die Antworten des Kunden spiegeln, fühlt er sich verstanden und vertraut Ihnen.

Mit dieser Methode zeigen Sie dem Kunden, dass Sie ihm aufmerksam zuhören, und signalisieren gleichzeitig, dass Sie seine Bedürfnisse ernst nehmen. Denn Sie wiederholen nur das, was er sagt, und vermitteln so nie den Eindruck, dass Sie ihm etwas aufschwatzen wollen.

Das nachfolgende Beispiel zeigt, wie eine Verkäuferin (V) durch eine geschickte Frage- und Zuhörtechnik das Bedürfnis des Kunden (K) sorgfältig abklärt:

Verkaufsgespräch Kleidergeschäft

K: «Guten Tag, ich suche eine Jacke.»

V: «Guten Tag. An was für eine Jacke haben Sie denn gedacht?»

K: «An eine für die Übergangszeit, also nicht allzu warm, aber auch nicht zu dünn. Ja, und eine, mit der ich auch mit dem Hund rausgehen kann. Und meiner Frau sollte sie auch noch gefallen!»

V: «Denken Sie eher an einen Mantel oder an eine kurze Jacke?»

K: «Eher an ein Mäntelchen, nicht zu lang, einfach so, dass ich um die Nieren warm genug habe, wenn ich mit dem Hund unterwegs bin und es windet.»

V: «Die Jacke – also das Mäntelchen – sollte also genug lang sein, vor allem gegen Wind schützen, und vielleicht auch gegen den Regen, wenn Sie mit dem Hund spazieren gehen?»

K: «Ja, genau.»

NEHMEN SIE SICH ZEIT

Räumen Sie für Ihre Beratungsgespräche genügend Zeit ein. Lassen Sie deshalb die anderen Käuferinnen und Käufer nicht stehen: Unterbrechen Sie kurz und geben Sie dem ersten Kunden einen Moment Zeit, damit er etwas anschauen oder über eine Entscheidung nachdenken kann, und kommen Sie dann wieder zurück zu ihm. In der Zwischenzeit können Sie zum Beispiel die Frage einer anderen Kundin beantworten oder einer dritten signalisieren, dass Sie gleich zu ihr kommen werden. Wenn die Kunden spüren, dass Sie sich später auch Zeit für sie nehmen werden, sind die meisten gerne bereit zu warten.

V: «Sie haben gesagt, das Mäntelchen sollte auch Ihrer Frau gefallen. Haben Sie denn eine Vorstellung, welche Farbe es haben sollte?»
K: «Braun, es kann auch beige sein, aber eigentlich lieber dunkelbraun.»
V: «Also am liebsten hätten Sie es in einem Braunton.»
K: «Verkaufen Sie mir einfach nicht so etwas, wie ich es letzten Herbst hatte. Das war ein fürchterliches Produkt, das mir da aufgeschwatzt wurde. Kostete übermässig viel, und dann war es nach drei Wochen schon kaputt, wissen Sie, der Reissverschluss. Ich brachte die Jacke zurück, und dann sagten sie, sie würden das schon flicken, aber es würde sicher drei Wochen dauern. Und für so etwas hatte ich vierhundertfünfzig Franken bezahlt, Sie, das ist doch eine Frechheit!»
V: «Das hat Sie offenbar ziemlich aufgeregt.»
K: «Das kann man wohl sagen.»
V: «Das soll Ihnen bei uns nicht passieren. Schauen Sie, hier habe ich für Sie eine Auswahl an Jacken und kurzen Mänteln, die für Sie in Frage kommen könnten. Können Sie mir vielleicht noch sagen, was es denn etwa kosten dürfte?»

In diesem Gespräch fühlt sich der Kunde in seinem Bedürfnis und in seinem Ärger über die schlechte Erfahrung vom vergangenen Jahr verstanden und ernst genommen. Durch eine geschickte Fragetechnik, durch aufmerksames Zuhören und dadurch, dass sie das mit der Methode des «Spiegelns» auch signalisiert, hat die Verkäuferin eine hervorragende Basis für ein vertrauensvolles Verhältnis geschaffen.

Die Sprache des Kunden, der Kundin sprechen

Als Verkäuferin oder Verkäufer müssen Sie sehr schnell feststellen, welche Sprache Sie mit Ihrer Kundin oder Ihrem Kunden sprechen können. Versteht die Kundin die Fachausdrücke? Kann sie mit den englischen Begriffen mithalten? Oder müssen Sie möglicherweise vereinfachen, Sprachbilder schaffen und Vergleiche machen?

Passen Sie Ihre Sprache der Sprache der Kundin an. Wenn sie Sie nicht versteht, kauft sie Ihnen auch nichts ab.

Das braucht von Ihrer Seite das nötige Einfühlungsvermögen und die Bereitschaft, der Kundin wirklich zuzuhören. Sie merken sehr schnell, welchen Wissensstand sie hat. Stellen Sie sich ein Gespräch in einem Elektronikfachgeschäft vor. Die Kundin (K), eine grauhaarige Dame, erklärt einem smarten jungen Verkäufer (V), dass sie gerne eine Stereoanlage für ihr Wohnzimmer kaufen würde. Die Feststellung, dass die Frau grauhaarig ist, soll nicht bedeuten, dass ältere Damen generell nichts von elektronischen Geräten verstehen, aber es könnte doch für den Verkäufer zumindest ein Hinweis darauf sein.

Verkaufsgespräch Elektronikfachgeschäft – Variante 1

K: «Guten Tag, ich möchte gerne eine Stereoanlage kaufen.»

V: «Sie meinen ein Soundsystem? Möchten Sie gleich ein Home-Cinema-System mit Dolby Surround oder nur ein Soundsystem – oder eher ein Entertainment-Center?»

K: «Eigentlich möchte ich ganz einfach eine normale Stereoanlage fürs Wohnzimmer, nichts Grosses. Ich muss einfach Radio hören und CDs abspielen können.»

V: «Gut, das gibt es heute fast nicht mehr. Oder es ist nichts wert, wie diese Kompaktanlage da hinten. Besser ist, Sie nehmen ein Home-Cinema-System mit integriertem DVD-Abspielgerät, Dolby Surround und extra Subwoofer, dann können Sie nämlich auch gleich den Fernseher anschliessen. Und schauen Sie mal – im Preis macht es fast keinen Unterschied, zweihundert Franken, das ist ja nicht viel für das, was das Gerät bietet. Und was ich vergessen habe, Sie können auch problemlos sämtliche MP3-Player anhängen und abspielen oder direkt via PC-Eingangsbuchse Internetradios abspielen.»

K: «Aber das brauche ich doch alles gar nicht.»

V: «Vielleicht kommen ja mal Ihre Enkel zu Besuch, und die wissen, wovon ich

rede. Die sind dann froh, wenn sie ihren iPod anhängen und Musik direkt aus dem Internet streamen können.»
K: «Ja, das ist jetzt alles gerade ein bisschen viel. Ich glaube, ich muss mir das zuerst noch einmal überlegen. Danke für die Auskunft, auf Wiedersehen.»

Die Kundin wird mit grosser Wahrscheinlichkeit nicht zurückkommen, sondern sich ein anderes Fachgeschäft suchen, um sich – wie gewünscht – eine kleine, kompakte Stereoanlage zu kaufen.
Wäre der junge Verkäufer in seiner Ausbildung nicht nur darauf getrimmt worden, Umsatz zu machen, sondern auch darauf, langfristige Kundenbeziehungen aufzubauen, hätte das Gespräch mit der Kundin zum Beispiel so verlaufen können:

Verkaufsgespräch Elektronikfachgeschäft – Variante 2
K: «Guten Tag, ich möchte gerne eine Stereoanlage kaufen.»
V: «Eine Stereoanlage? Gerne. Haben Sie denn schon eine Idee, was die alles können muss?»
K: «Ach, nicht viel. Ich höre vor allem Radio, und manchmal spiele ich eine CD ab.»
V: «Wo soll die Stereoanlage denn stehen?»
K: «Im Wohnzimmer.»
V: «Wissen Sie, wie gross dieses ungefähr ist?»
K: «Das weiss ich sogar ziemlich genau, wir mussten es kürzlich für den Maler vermessen: zwanzig Quadratmeter.»
V: «Zwanzig Quadratmeter. Also ein durchschnittliches Wohnzimmer. Hören Sie Ihre Musik manchmal sehr laut?»
K: «Oh, nein, wir haben ein sehr hellhöriges Haus, wissen Sie, wir wohnen in einem Block, und da höre ich manchmal sogar den Fernseher unserer Nachbarn.»
V: «Dann müssen die Lautsprecher also nicht unbedingt eine sehr grosse Leistung haben. Wissen Sie, was? Ich glaube, ich habe genau das, was Sie suchen: eine kleine, kompakte Stereoanlage, die sehr gut tönt. Und weil sie nicht viel Leistung braucht, ist sie auch nicht allzu teuer. Schauen Sie mal hier …»

Wäre das Gespräch so verlaufen, hätte der junge Verkäufer mit Sicherheit eine neue feste Kundin gewonnen, die gerne wiederkäme und das Geschäft auch ihren Bekannten und Familienangehörigen weiterempfehlen würde.

WENN KUNDEN NICHT ZU STOPPEN SIND

Es gibt immer wieder Kunden, die extraviel Zeit beanspruchen, pausenlos reden und Geschichten ohne Ende erzählen. In diesen Situationen ist es wichtig, dass Sie die Gesprächsführung zügig übernehmen und durch eine gezielte Fragestellung zurück auf den Ursprung des Besuchs kommen, nämlich auf den beabsichtigten Kauf eines Produkts. Denn wenn die anderen Kunden merken, dass Sie sich von einem «Plauderi» aufhalten lassen, werden sie ungeduldig und verlassen möglicherweise sogar den Laden.
Deshalb: Unterbrechen Sie den pausenlos redenden Kunden zum Beispiel, in dem Sie seine Aussagen aufwerten, um so, ohne unhöflich zu wirken, einen Schritt weiterzukommen. Sie können ihm zum Beispiel sagen: «Spannend, was Sie da erzählen. Eine schöne Geschichte. Darf ich bei dieser Gelegenheit kurz nachfragen, ob Sie sich schon überlegt haben, welche Farbe Sie gerne möchten? Sonst würde ich gerne schnell zu den anderen Kunden gehen und dann wieder zurückkommen. Sie könnten es sich in der Zwischenzeit dann überlegen.»

Ehrlich währt am längsten

Gegen Ende des Verkaufsgesprächs sollten Sie der Kundin mehrere Produkte, die ihrem Bedürfnis entsprechen, zur Auswahl vorlegen. Zählen Sie ehrlich sämtliche Vor- und Nachteile der verschiedenen Produkte auf. Erwähnen Sie die Nachteile auch bei teureren Produkten, sonst wird die Kundin zu Recht misstrauisch.
Geben Sie am Schluss eine Empfehlung ab, die den Bedürfnissen der Kundin am besten entspricht. Empfehlen Sie ihr nicht automatisch das teuerste Produkt, nur weil Sie Ihren Tagesumsatz vor Augen haben - unter Umständen kann es für Sie gewinnbringender sein, ein günstigeres oder sogar das günstigste Produkt Ihrer Auswahl zu empfehlen. Dazu ein Beispiel, das ich selber erlebt habe.

Langfristige Beziehung statt kurzfristiger Profit

Jahre, nachdem die digitale Fotografie ihren Siegeszug angetreten hatte, entschied ich mich endlich, mich von meinem alten Fotoapparat zu trennen und mir eine digitale Spiegelreflex-Kamera anzuschaffen. Ich kenne mich in der Fotografie ein bisschen aus, mein Wissen basierte bis zu jenem Zeitpunkt aber auf der analogen Technik. Da die digitale Fotografie für mich Neuland war, musste ich ein Geschäft beziehungsweise einen Verkäufer finden, dem ich vertrauen konnte.

Ich ging in ein Fachgeschäft, das mir ein Freund empfohlen hatte, und eröffnete dem Verkäufer, dass ich gerne eine Kamera und ein Objektiv kaufen würde; die Ausrüstung sollte semiprofessionellen Ansprüchen genügen, da ich auch immer wieder Fotos für Zeitschriften und Zeitungen mache. Der Verkäufer, der freundlich auf mich zugekommen war, führte ein hervorragendes Gespräch mit mir, so dass ich nach einer Viertelstunde wusste, welche Apparate für mich in Frage kamen: zwei gleichwertige Mittelklassemodelle, beide für erfahrene Hobbyfotografen, mit lichtstarken Objektiven und guter Bildauflösung. Der augenfälligste Unterschied zwischen den zwei Kameras: Die eine kostete tausend Franken mehr als die andere. «Ist das wirklich der einzige Unterschied?», fragte ich den Verkäufer.

«Ja», sagte er, «beim teureren Modell bezahlen Sie vor allem den Namen, sonst unterscheiden sich diese zwei Kameras und die entsprechenden Objektive wirklich in nichts.» Ich war über diese Offenheit überrascht. Und der Verkäufer fuhr fort: «Persönlich würde ich Ihnen das günstigere Modell empfehlen, es wird Ihren Bedürfnissen und Ansprüchen vollauf gerecht. Die tausend Franken setzen Sie besser für etwas anderes ein.» Das tat ich! Vor lauter Freude über die ehrliche und zuvorkommende Beratung kaufte ich noch diverses Zubehör – und bin dem Geschäft noch immer treu, auch wenn ich die gleichen Produkte im Discounthandel um einiges günstiger erstehen könnte.

Der Verkäufer empfahl das günstigere Modell. Damit hatte er mein Vertrauen endgültig gewonnen.

Der Verkäufer dachte nicht an den kurzfristigen Profit, sondern an die langfristige Kundenbeziehung.

Dieser Verkäufer hat alles richtig gemacht. Er hat nämlich vor allem an eines gedacht: Ein zufriedener Kunde, der gerne wiederkommt und das Geschäft in seinem Bekanntenkreis weiterempfiehlt, bringt langfristig mehr als ein etwas höherer Umsatz an einem einzelnen Tag. Damit hat er mein Vertrauen gewonnen – und ich werde ihn gerne weiterempfehlen.

Reklamationen entgegennehmen

Kommt ein Kunde verärgert zurück ins Geschäft, weil er mit Ihrer Beratung oder dem Produkt nicht zufrieden ist, gilt es, ihn zuerst einmal seine Emotionen abbauen zu lassen. Lassen Sie ihn erklären, warum er nicht zufrieden ist, und zeigen Sie Verständnis für seine Verärgerung. Unterbrechen Sie den Kunden grundsätzlich nicht, stellen Sie höchstens Fragen, die Ihnen helfen, das Problem zu erfassen. Am besten eignen sich dazu kanalisierende Fragen wie: «Was genau ist das Problem?»

Hat der Kunde das Gefühl, ernst genommen zu werden, verfliegt sein erster Ärger schnell einmal. Erklären Sie jetzt, in einer zweiten Phase, Ihre Sicht der Dinge – ruhig und sachlich, ohne den Kunden anzugreifen. Liegt der Fehler bei Ihnen, sollten Sie sich spätestens jetzt entschuldigen. Stellen Sie klar, dass so etwas nicht vorkommen sollte, und akzeptieren Sie die Reklamation anstandslos.

Sollten Sie bemerken, dass der Fehler beim Kunden liegt, etwa weil er ein Gerät unsachgemäss bedient oder die Bedienungsanleitung nicht gelesen hat, weisen Sie ihn höflich darauf hin, ohne ihn blosszustellen oder zu belehren. Ein Satz wie: «Ja, man müsste halt schon lesen, was da steht!», wäre für einen erfolgreichen Fortgang des Gesprächs nicht ideal. Ihre richtige Einstellung in einer solchen Situation ist: «Das kann passieren, ich habe im Leben auch nicht alle Bedienungsanleitungen gelesen.» Dann lautet Ihre Reaktion zum Beispiel: «Ich kenne das von mir, ich überlese diese Dinge meist – aber haben Sie in der Bedienungsanleitung den Abschnitt gesehen, der beschreibt, wie …»

Nachdem der Fehler beziehungsweise die Ursache feststeht, geht es in einer dritten Phase darum, nach Lösungsmöglichkeiten zu suchen. Liegt das Problem bei einer fehlerhaften Bedienung und das Gerät funktioniert einwandfrei, ist die Sache schnell gelöst. Etwas komplizierter wird es, wenn der Kunde durch die unsachgemässe Bedienung etwas kaputt gemacht hat oder der Fehler bei Ihnen beziehungsweise dem Hersteller liegt. Klären Sie in diesen Fällen sorgfältig ab, was für Garantiebedingungen Sie haben und wie Sie dem Kunden bestmöglich entgegenkommen können. Meist haben Sie ja einen Ermessensspielraum. Die kulante Behandlung eines Schadenfalls schafft Vertrauen und fördert langfristige Kundenbeziehungen.

Gehen Sie nicht aus dem Gespräch, ohne abgeklärt zu haben, ob der Kunde mit der vereinbarten Lösung zufrieden ist und ob er allenfalls noch eine Frage oder einen Wunsch hat. Dann verlässt er Ihr Geschäft mit einem guten Gefühl. Weitere Informationen zu diesem Thema finden Sie auch im Kapitel «Mit emotionalen Ausbrüchen klarkommen» (Seite 92).

CHECKLISTE: OPTIMAL VERKAUFEN IM DETAILHANDEL

- ☐ Signalisieren Sie einer Kundin beim Hereinkommen, dass Sie sie wahrgenommen haben – auch wenn Sie gerade noch mit einer anderen Kundin oder einer anderen Arbeit beschäftigt sind.
- ☐ Begegnen Sie der Kundin mit einer offenen, ihr zugewandten Körperhaltung und mit einem Lächeln.
- ☐ Finden Sie, wenn sie Ihre Beratung wünscht, in einem kurzen Gespräch heraus, was ihre Bedürfnisse sind; stellen Sie ihr dazu möglichst offene Fragen, damit sie ihr Anliegen ungehindert schildern kann.
- ☐ Grenzen Sie die Auswahl mit möglichst gezielten Fragen ein, erkundigen Sie sich nach den konkreten Vorstellungen der Kundin.
- ☐ Legen Sie der Kundin idealerweise zwei oder drei gleichwertige Produkte zur Auswahl vor.
- ☐ Zählen Sie ehrlich Vor- und Nachteile der verschiedenen Produkte auf.
- ☐ Empfehlen Sie nicht reflexartig das teuerste Produkt, sondern, wenn es die Bedürfnisse der Kundin abdeckt, ein günstigeres. Sie wird dankbar sein und gern wiederkommen, weil sie Ihnen vertraut.

8.2 Versicherungs- und Finanzprodukte verkaufen

Wenn es ums Geld geht, ist der Mensch grundsätzlich misstrauisch. Umso wichtiger ist es deshalb gerade im Banken- und Versicherungswesen, das Vertrauen der Kundinnen und Kunden sorgfältig aufzubauen und zu pflegen.

Finanz- und Versicherungsprodukte zu verkaufen braucht besonderes Fingerspitzengefühl. Spätestens seit der weltweiten Finanzkrise herrscht gegenüber Vertretern der Finanzwelt ein grundsätzliches Misstrauen. Viele Leute haben in den Turbulenzen Geld verloren und sehen die Schuld dafür vor allem bei den Finanzberatern. Das bedeutet für Sie als Vertreter der Branche: Versuchen Sie sich gut in die Lage Ihrer (potenziellen) Kundinnen und Kunden hineinzuversetzen. Für sie ist es wichtig, ihr Geld jemandem anvertrauen zu können, der damit sorgfältig umgeht – und es im Idealfall erst noch gewinnbringend anlegt. Das gilt auch für Versicherungsgesellschaften, die Lebensversicherungen anbieten.

Gewinnen Sie das Vertrauen Ihrer Kundinnen und Kunden, indem Sie offen und transparent kommunizieren.

Eine klassische Kommunikationspanne mit empfindlichem Vertrauensverlust ereignete sich rund um die Lehmann-Brothers-Pleite im Herbst 2008. Die Besitzerinnen und Besitzer der Papiere, die plötzlich wertlos waren, reagierten wütend und enttäuscht. Sie fühlten sich schlecht beraten; man habe sie nicht auf alle Risiken hingewiesen, monierten sie. Die Bankleute dagegen verteidigten sich, man habe transparent und offen beraten, und es habe ja alles auch in den Unterlagen gestanden.

Dieses Beispiel zeigt deutlich zwei Problemfelder in der Kommunikation zwischen Finanzspezialisten und ihren Kundinnen und Kunden auf: Nicht alles, was die Fachleute als transparente Kommunikation ansehen, wird von den Kunden auch als solche wahrgenommen. Möglicherweise haben, um beim Beispiel der Lehmann-Brothers-Papiere zu bleiben, die Berater tatsächlich alles erwähnt, was in diesem Zusammenhang wichtig war – nur haben die Kunden es unter Umständen nicht verstanden. Die Vorstellung, dass Anleger die finanztechnische Sprache der Banker verstünden, ist falsch. Auch dass Kundinnen und Kunden im Anschluss an ein Beratungsgespräch das Kleingedruckte der Verträge lesen – und verstehen! –, darf nicht vorausgesetzt werden. Wenn Sie sich dessen bewusst sind, wird es Ihnen viel besser gelingen, ein Verkaufs- oder Beratungsgespräch so zu gestalten, dass keine Missverständnisse entstehen können.

Sogar wenn die Berater im Gespräch alle Risiken einmal erwähnt haben: Entscheidend ist, was die Kundinnen und Kunden verstanden haben.

Für ein langfristiges Vertrauensverhältnis ist ausserdem entscheidend, dass potenzielle Risiken klar und offen kommuniziert werden. Risiken kleiner darstellen zu wollen, als sie sind, ist die falsche Strategie und rächt sich spätestens, wenn der Schadenfall eintritt.

Verständlich und klar kommunizieren

Beraterinnen und Berater der Finanz- und Versicherungsbranche benutzen häufig eine Fachsprache. Diese ist aber für Menschen, die nicht beruflich damit zu tun haben, unverständlich – das gilt im besonderen Mass auch für die Verträge mit dem Kleingedruckten. Wenn es Ihnen als Versicherungs- und Bankfachperson dennoch gelingt, im Gespräch mit Kunden auf Fachbegriffe zu verzichten und auch komplexere Zusammenhänge allgemeinverständlich zu erklären, schaffen Sie langfristig Vertrauen. Das wirkt sich positiv auf Ihre Kundenbeziehungen aus.
Oft helfen dabei ganz einfache Beispiele aus dem Alltag des Kunden. Ein Fondsmanager fragte mich zum Beispiel einmal um Rat: Er wollte seinen Kunden erklären, dass mit dem Verlust eines Fonds, den seine Firma verwaltete, der Firma selber kein nachhaltiger Schaden entstanden sei. «Ich finde das wichtig, damit unsere Kundinnen und Kunden das Vertrauen in unsere Institution nicht verlieren – denn der Verlust eines Fonds, den wir nur verwalten, tangiert uns nicht», sagte er. «Aber ich spüre aus den Reaktionen der Kunden, dass sie verunsichert sind, immerhin geht es um einen Fonds in Milliardenhöhe.»

IRREFÜHRENDE VERNEBELUNGSTAKTIK

In der Finanzwelt werden immer wieder Ausdrücke kreiert, um Unerfreuliches nicht beim Namen nennen zu müssen. So wird zum Beispiel aus Angst, das Wort «Verlust» könnte abschreckend wirken, lieber der schönfärberische Begriff «negatives Wachstum» benutzt – Wachstum klingt positiv! Das Wort «Gewinnwarnung» ist ein anderes Beispiel, das verschleiern soll, worum es wirklich geht. Denn Hand aufs Herz: Was erwarten Sie bei einer «Frostwarnung»? Vermutlich keine Hitzewelle. Eine Gewinnwarnung warnt denn auch nicht wirklich vor einem Gewinn, sondern vielmehr davor, dass es einen kleineren oder gar keinen Gewinn geben könnte – im schlechtesten Fall gar einen Verlust. Natürlich würde «Verlustwarnung» oder «Warnung vor einem Gewinnrückgang» härter klingen. Es wäre aber ehrlicher und der Vertrauensbildung bei den Kunden förderlicher, wenn die ungeschminkte Wahrheit beim Namen genannt würde.

Um ihm bei der optimalen Formulierung zu helfen, liess ich mir zunächst den Unterschied zwischen einem Fonds, den die Firma selber managt, und einem Fonds, den sie lediglich verwaltet, erklären. Es dauerte einen Moment, bis ich begriff, doch dann sagte ich: «Wenn ich Sie richtig verstehe, könnte man eine Fondsverwaltung also mit einer Hausverwaltung vergleichen?» – «Genau», sagte der Fondsmanager, «das ist es.» Und er formulierte: «Wenn wir einen Fonds, den wir selber bewirtschaften, schliessen müssten, wäre das für die Firma schlecht. Einen Fonds zu verlieren, den wir nur verwalten, ist für die Firma nicht so schlimm. Warum? Sie können das mit einer Hausverwaltung vergleichen: Eine Hausverwaltung verwaltet im Auftrag des Besitzers ein Haus nur, es gehört ihr nicht. Nehmen wir an, ein Haus hat den Wert von fünf Millionen Franken – und die Verwaltung bekommt für ihre Arbeit im Jahr 10 000 Franken. Wenn der Besitzer nun beschliesst, die Verwaltung zu wechseln, dann verliert die Verwaltung nicht fünf Millionen Franken, sondern nur die 10 000, die sie für ihre Verwaltungsarbeit bekam. Genau gleich ist es uns mit dem Verlust dieses verwalteten Fonds gegangen: Wir haben nicht die 18 Milliarden Franken verloren, die er wert war, sondern ‹nur› – in Anführungszeichen – die 95 000 Franken, die wir für die Verwaltung im Jahr erhielten. So gesehen hält sich der Schaden in Grenzen und tangiert unsere anderen Geschäfte in keiner Weise.»
Mit diesem einfachen Vergleich trat der Fondsmanager anschliessend vor seine Kundinnen und Kunden – mit Erfolg, wie er mir später berichtete.

9 Gespräche im öffentlichen Dienst

Als Angestellte des öffentlichen Dienstes – etwa bei der Gemeinde, der Polizei oder der Steuerbehörde – sind Sie Vertreterin des Staates und damit für Ihre Gesprächspartner eine Autoritätsperson. Wenn Sie sich dieser speziellen Rolle bewusst sind, können Sie Gespräche mit Ihren Kundinnen und Kunden besser steuern.

9.1 Für den Bürger sind Sie «der Staat»

**Mit «dem Staat» möchten die meisten Bürgerinnen und Bürger möglichst wenig zu tun haben – «Formularkriege» und die meist sehr technischen Prozesse und Abläufe schrecken sie ab.
Als Verwaltungsangestellte können Sie diese Schranken abbauen.**

In Gesprächen mit Verwaltungsangestellten fällt mir immer wieder auf, dass sich diese ihrer besonderen Stellung gar nicht bewusst sind. Im Gegenteil: Oft kommen sie sich – wie mir ein Mitarbeiter einer Steuerbehörde einmal sagte – als «Abfallkübel» vor «für alles, auch den Frust der Leute».

In Gesprächen mit Verwaltungsangestellten besteht ein Machtgefälle: Bürger und Bürgerinnen kommen sich häufig als Bittsteller vor.

Für mich war es spannend, einmal diese Sicht zu hören. Mir geht es nämlich wie wahrscheinlich den meisten Bürgerinnen und Bürgern: Für mich sind Angestellte des öffentlichen Dienstes als Vertreterinnen und Vertreter des Staates Menschen in einer Machtposition. Nicht nur denke ich, dass sie mit einem Klick auf ihrem Computer mehr über mein Leben erfahren, als ich selber weiss. Sondern sie haben auch das Gesetz im Rücken und den sogenannten Handlungsspielraum, den die Gesetzgebung ihnen zugesteht.
Das führt dazu, dass ich als Bürger im Kontakt mit Verwaltungsangestellten immer mal wieder den Eindruck habe, von deren Gnade abhängig zu sein. Dieses Gefühl

Zeigen Sie als Verwaltungsangestellte Verständnis für die Situation Ihres Gesprächspartners, versuchen Sie sich in ihn hineinzuversetzen.

VON DER WIRKSAMKEIT DES LÄCHELNS

Wussten Sie, dass man spürt, ob jemand lächelt - auch ohne es zu sehen? Ein Radiomoderator erzählte mir einmal, dass er immer, bevor er am Mikrofon etwas sage, zu lächeln beginne - weil er überzeugt sei, dass die Hörerinnen und Hörer das spürten. Später, als ich selber beim Radio arbeitete, verinnerlichte ich dieses Lächeln am Mikrofon - und die Reaktionen der Hörerschaft zeigten mir: Es stimmt tatsächlich, man sieht, ob jemand lächelt, auch ohne es zu sehen. Genau gleich funktioniert es am Telefon: Ich «sehe», wenn ich mit jemandem am Telefon rede, ob diese Person einen «Lätsch» oder ein freundliches Gesicht macht. Versuchen Sie selber einmal, im Gespräch mit einer fremden Anruferin herauszufinden, was für ein Gesicht sie macht. Und umgekehrt: Lächeln Sie selber beim Reden - und schauen Sie, was für eine Wirkung Sie damit erzeugen.

lässt viele Bürgerinnen und Bürger bereits mit einer leicht aggressiven Haltung in ein solches Gespräch einsteigen - sie wollen schliesslich nicht als Verlierer aus dem «Kampf» hervorgehen.

Das erfordert von Ihnen eine gewisse Empathie, also die Fähigkeit, sich in Ihr Gegenüber einzufühlen (mehr dazu Seite 62). Auch verlangt es von Ihnen als Angestellter des öffentlichen Dienstes, immer mal wieder über Ihren Schatten zu springen.

Sich in die Bürgerin hineinversetzen

Wenn Sie sich der kämpferischen Haltung vieler Bürgerinnen und Bürger bewusst sind, kann dies einen grossen Einfluss auf das Gesprächsklima haben. Sie sind in der Wahrnehmung Ihrer Kundinnen und Kunden die Stärkere - es liegt deshalb an Ihnen, in den ersten Sekunden der Begegnung oder des Gesprächs am Telefon eine Vertrauensbasis herzustellen.

Begegnen Sie dazu Ihrem Gegenüber zunächst einmal offen, in der inneren Einstellung wie auch in der Körperhaltung. Versuchen Sie zu erfassen, was das Anliegen Ihres Gegenübers ist.

Dazu stellen Sie am besten ein paar offene Fragen zum Einstieg und fassen das Gehörte mit eigenen Worten zusammen (Para-

Treten Sie Ihrem Kunden und Ihrer Kundin freundlich und unvoreingenommen gegenüber.

phrasieren, mehr zu dieser Technik siehe Seite 61). Sprechen Sie eine Sprache, die dem Wissensstand Ihres Gegenübers angepasst ist – also auf keinen Fall eine Verwaltungssprache, sondern eine Umgangssprache. Erklären Sie Fachwörter. Und hören Sie aufmerksam zu, um zu verstehen, worum es Ihrem Kunden wirklich geht.

Das Gegenüber ernst nehmen

Das Wichtigste im Umgang mit Ihren Kundinnen und Kunden, den Bürgerinnen und Bürgern: Fühlen Sie sich in deren Situation ein. Natürlich kann Ihnen ein Anrufer zunächst missmutig oder sogar aggressiv vorkommen. Versuchen Sie sich dann vorzustellen, wie es ihm am anderen Ende der Leitung gehen könnte. Vielleicht ist er im Umgang mit Behörden einfach unsicher, weil er zum Beispiel von Steuerfragen wenig bis nichts versteht, und er versucht nun, diese Unsicherheit zu vertuschen.
Oder er fühlt sich ertappt, weil Sie ihn – möglicherweise mit einem Standardbrief – aufgefordert haben, sich bei der Behörde zu melden. Auch in diesem Fall kann es sein, dass er seine Unsicherheit mit forschem Auftreten zu überspielen versucht. Dass Sie dieses Verhalten als Aggression wahrnehmen, ist nicht überraschend. Aber da Sie in der stärkeren Position sind und da Sie auch diejenige Person sind, die das Gespräch letztlich führen muss, ist es an Ihnen, diese Ausgangslage zu erkennen und die Situation zu entschärfen.

Oft ist ein Kunde gereizt oder aggressiv, weil er sich von vornherein am kürzeren Hebel wähnt.

Versuchen Sie nachzuempfinden, wie es Ihrem Gegenüber in seiner Situation gehen könnte.

Vielleicht sagen Sie sich jetzt: «Ich kann doch nicht für jedes Zipperlein meiner Kunden Verständnis haben! Ich mache meinen Job, Punkt. Was der andere damit anfängt, ist sein Problem – ich habe es ja schliesslich mit erwachsenen Menschen zu tun.» Das stimmt – und natürlich geht es nicht darum, bei jedem Gespräch mit einem Kunden ein kleines «Gschpürmi-Seminar» abzuhalten, wie es einmal ein Teilnehmer in einem meiner Kurse formulierte. Aber es ist Ihre Aufgabe, sich zu Beginn eines Gesprächs in die Situation Ihres Gesprächs-

partners zu versetzen und für einen möglichst professionell-freundlichen Verlauf der Unterhaltung zu sorgen – was letztlich auch für Sie angenehmer ist.
In den Augen der meisten Bürgerinnen und Bürger sind Sie in einer Machtposition und können über das «Schicksal» Ihres Gegenübers entscheiden. Das mag Ihnen vielleicht ein bisschen übertrieben vorkommen, aber genau so ist es in der Wahrnehmung vieler Ihrer Kunden. Stellen Sie sich nur einmal vor, wie es ist, in der Haut einer Stadtbewohnerin zu stecken, die sich nach dem Umzug nicht fristgerecht beim Einwohneramt gemeldet hat. Sie fühlt sich schuldig und weiss, dass sie, wenn sie Pech hat, auch noch eine Busse bezahlen muss. Begegnet sie im Gespräch mit einer Angestellten des Einwohneramts nun auch noch einer gereizten, im Ton leicht triumphierenden Person, dann ist der weitere Verlauf des Gesprächs absehbar: Es wird eine mühsame Unterhaltung, in dem es nur noch darum geht, wer Recht hat – die Einwohnerin, die wegen einer kleinen Fristübertretung keine Busse bezahlen will, oder die Vertreterin des Einwohneramtes, die auf der Busse beharrt, weil das Gesetz dies so vorsieht.
Einer solchen Konfrontation lässt sich leicht vorbeugen, wenn Sie als Vertreterin eines öffentlichen Dienstes zunächst einmal signalisieren: «Ich weiss, dass es für Sie jetzt gerade schwierig ist, dieses Gespräch zu führen, weil Sie sich ertappt fühlen oder weil Sie mit der rechtlichen Ausgangslage nicht vertraut sind.» Selbstverständlich brauchen Sie so etwas nicht ausdrücklich zu sagen, aber diese Haltung sollte in Ihrem Tonfall und in Ihrer Wortwahl mitschwingen. Sie werden sehen: Diese Einstellung stimmt Ihr Gegenüber bereits viel versöhnlicher und ebnet den Weg für ein Gespräch auf Augenhöhe.

Signalisieren Sie Verständnis für die Situation Ihres Gegenübers. Das bedeutet noch nicht, dass Sie seine Forderungen akzeptieren müssen.

Nie von oben herab

Wenn die Kundin am anderen Ende der Leitung oder auf der anderen Seite des Schalters das Gefühl hat, dass Sie ihre Situation nachvollziehen können und ihr nicht «von oben herab» begegnen, fasst sie viel schneller Vertrauen zu Ihnen.
Das bedeutet nicht, dass Sie mit einer Person, die sich zum Beispiel wegen eines Versäumnisses melden muss, Mitleid haben sollen. Sie brauchen auch keine Sympathie zu entwickeln – es geht nur darum, dass Sie sich in ihre Situation einfühlen können. Sich einfühlen können heisst, in die Haut des anderen zu schlüpfen und sich vorzu-

Schlüpfen Sie in die Haut des Gegenübers, dann begegnen Sie ihm als gleichberechtigtem Gesprächspartner.

stellen, was in dieser Person jetzt gerade vorgeht. Wenn Ihnen das gelingt und Sie das auch deutlich signalisieren, dann fasst Ihr Gegenüber viel leichter Vertrauen zu Ihnen.

Stellen wir uns vor, die oben erwähnte Frau, die vor ein paar Tagen an ihren neuen Wohnort gezogen ist, hat vom Einwohneramt einen Brief erhalten mit dem Hinweis, dass sie die Anmeldefrist von acht Tagen verpasst hat und deshalb eine Busse bezahlen muss.

Wie würden Sie reagieren, wenn Sie für eine versäumte Frist eine Busse bezahlen müssten?

Fragen Sie sich als Erstes: Wie könnte es dieser Frau jetzt gerade gehen? Versteht sie, warum sie eine Busse bezahlen muss – oder kann sie überhaupt nicht nachvollziehen, wofür sie gebüsst werden soll? Vermutlich ist Letzteres der Fall, denn Sie können davon ausgehen, dass die neuzugezogene Einwohnerin die Gesetzeslage nicht kennt. Vielleicht hat sie wohl den Brief gesehen, den das Einwohneramt ihr kurz nach dem Einzug zugestellt hat und in dem sie aufgefordert wurde, sich innerhalb von acht Tagen auf dem Einwohneramt persönlich anzumelden. Möglicherweise hat sie diesem Brief aber nicht die nötige Beachtung geschenkt, weil sie entweder gedacht hat, dass sie ja noch länger als nur acht Tage hier wohnen bleibt und sich deshalb auch noch später anmelden kann – oder weil sie sich gesagt hat: «Die wissen ja schon, dass ich hier bin, dann pressiert es sicher nicht so.» Vielleicht aber hatte sie nach dem Umzug auch schlicht weder die Zeit noch die Energie, sich fristgerecht beim Einwohneramt zu melden. Das ist zwar alles nicht korrekt, aber sehr menschlich.

Versuchen Sie sich dann vorzustellen, was in dieser Frau vorgehen könnte, wenn sie nach ein paar Tagen einen zweiten Brief vom Einwohneramt erhält, in dem sie unmissverständlich aufgefordert wird, sich innerhalb von weiteren acht Tagen zu melden und bei dieser Gelegenheit auch gleich noch eine Busse von 40 Franken zu bezahlen. Klar, Sie kennen die Rechtslage, Ihnen scheint das logisch. Aber wenn Sie die Rechtslage nicht kennen würden? Erinnern

Sie sich daran, wie es Ihnen erging, als Sie das letzte Mal etwas Wichtiges vergassen? Vielleicht fällt es Ihnen jetzt bereits leichter zu verstehen, dass die Frau, wenn sie Sie anruft, schon einmal leicht gereizt ist: «Das ist wieder typisch Beamtenmentalität», wird sie denken, «eine Busse verlangen für etwas völlig Sinnloses! Denen sag ich es jetzt aber!»

Sie haben es in der Hand: Es kommt ganz auf Ihre Haltung an, wie das Gespräch mit der Kundin verläuft.

Wenn Sie dieser Frau am Telefon nun in der Einstellung begegnen: «Tja, so ist es halt, so sind die Fristen, selber schuld, wenn Sie sich nicht daran halten!», dann dürfte das Gespräch für beide Seiten frustrierend enden. Für Sie, weil Sie denken: «Aber das ist nun mal das Gesetz, ich bin doch im Recht, warum begreift diese Frau das nicht?» – Für die Frau, weil sie denkt: «Mein Gott, eine Busse für so etwas Lächerliches! Ich laufe denen doch nicht davon! Die hätte ruhig etwas entgegenkommender sein können. Kann ja mal passieren, dass man sich zu spät anmeldet.» Ein solches Gespräch ist für beide Seiten nicht befriedigend – es liegt ganz bei Ihnen, es in eine andere Richtung zu steuern.

Zum Vergleich stellen wir uns dieses Gespräch in zwei Varianten vor – in einer misslungenen und in einer gelungenen Version. Beteiligt sind die neue Quartierbewohnerin (B) und eine Verwaltungsangestellte (V).

Gespräch Einwohneramt – Variante 1

V: «Einwohnerkontrolle, Frühberger, grüezi.»
B: «Susanne Meierhans, guten Tag.»
V: «Sie wünschen?»
B: «Sie, ich habe da von Ihnen einen Brief bekommen ...»
V: «Von mir? Sie meinen wohl vom Amt?»
B: «Ja, genau. Und zwar steht da, dass ich die Anmeldefrist für Neuzuzüger verpasst habe und mich nun innerhalb von acht Tagen bei Ihnen, also auf dem Amt, melden solle und dass ich dann neben der Anmeldegebühr auch noch eine Busse von 40 Franken bezahlen müsse.»
V: «Ja, das ist so. Und was ist jetzt die Frage?»
B: «Also, ich muss wirklich vorbeikommen – und auch noch eine Busse bezahlen?»
V: «Ja, das steht ja da.»
B: «Mein Problem ist, dass ich erst seit kurzem im Quartier wohne ...»
V: «Man muss sich innerhalb von acht Tagen nach dem Zuzug anmelden.»
B: «Ja, das habe ich inzwischen begriffen. Nur: Ich arbeite im Moment noch in

einer anderen Stadt und pendle, das heisst, ich gehe immer am Morgen sehr früh weg, also schon um halb sieben – und ich bin am Abend nie vor sieben zurück. Ich schaffe es einfach nicht zu Ihnen aufs Amt.»

V: «Ich kann auch nichts daran ändern, Sie müssen vorbeikommen.»

B: «Kann man das nicht schriftlich regeln? Oder später, wenn ich dann in der Stadt arbeite und besser Zeit habe, um einmal vorbeizukommen?»

V: «Habe ich mich zu wenig deutlich ausgedrückt? Sie müssen vorbeikommen, das steht ja auch im Brief.»

B: «Aber eben: Ich arbeite auswärts.»

V: «Dann müssen Sie sich halt organisieren.»

B: «Aber dann verliere ich einen halben Tag bei der Arbeit.»

V: «Ja, das geschieht anderen auch. Es ist einfach so, wenn man umzieht.»

B: «Und wofür genau sind die 40 Franken Busse?»

V: «Gebühr für die Fristübertretung.»

B: «Für mich ist es eine Busse, egal, wie Sie das nennen! Ich verstehe nicht, wieso ich die bezahlen soll, ich ziehe ja nicht gleich wieder weg. Muss ich da tatsächlich …»

V: «Ich erfinde die Gesetze nicht. Es steht ja deutlich im Brief: Sie haben die Frist verpasst, deshalb müssen Sie die Gebühr bezahlen.»

B: «Aber ich meine, ich arbeite – und ich hatte neben dem Zügelstress gerade mal acht Tage Zeit …»

V: «Nachdem wir Ihnen die erste Aufforderung geschickt hatten. Sie hätten ja auch von sich aus kommen können. Man kann sich über solche Vorschriften informieren, es steht alles im Internet.»

B: «Ja, aber das ist ja nicht das Erste, woran man nach dem Umzug denkt. Noch einmal: Sie wissen ja, dass ich hier wohne – und ich ziehe nicht gleich wieder weg. Mir geht es ums Prinzip.»

V: «Ich habe Ihnen gesagt: Es ist, wie es ist – Sie müssen den Betrag zahlen. Jetzt muss ich leider weiterarbeiten.»

B: «Bitte, Frau …»

V: «Frühberger …»

B: «Frau Frühberger, bitte erklären Sie mir einfach, warum ich zahlen soll. Ich bezahle nichts, wenn ich nicht begreife, wofür ich das bezahlen soll.»

V: «Wenn Sie die nächste Frist verpassen, wird es noch teurer, dann bezahlen Sie 80 Franken – und danach werden Sie betrieben.»

B: «Aber wofür? Geben Sie mir doch bitte eine Antwort!»

V: «Ich habe Ihnen gesagt, was es zu sagen gibt – ich habe jetzt keine Zeit

mehr, ich muss weiterarbeiten.
Auf Wiederhören.»

B: «Ich …»

V *(hängt auf)*

Gespräch Einwohneramt – Variante 2

V: «Einwohnerkontrolle, grüezi. Mein Name ist Katja Frühberger, wie kann ich Ihnen helfen?»

B: «Guten Tag, Frau Frühberger. Mein Name ist Susanne Meierhans, ich bin vor einem Monat neu ins Quartier gezogen.»

V *(lacht)*: «Und Sie haben sich noch nicht angemeldet?»

B: «Wie haben Sie das jetzt herausgefunden?»

V: «Weil Sie nicht die Einzige sind, der das passiert – das kommt immer wieder vor.»

B: «Und dann rufen die Leute an, wie ich jetzt …»

V: «… und fragen, ob sie später kommen dürften, weil es ihnen zeitlich nicht reicht, genau.»

B: «Sie nehmen mir die Worte aus dem Mund. Das ist genau mein Problem. Ich arbeite auswärts und pendle, das heisst, ich bin eigentlich nie in der Stadt, wenn das Einwohneramt geöffnet ist.»

V: «Ich kenne das Problem. Aber ich denke, wir finden eine Lösung. Haben Sie zum Beispiel gesehen, dass wir am Donnerstagabend immer bis sieben geöffnet haben – genau für Leute wie Sie, die nicht tagsüber zu uns kommen können.»

B: «Oh, das scheint mir eine gute Möglichkeit – dann könnte ich an einem Donnerstag einmal früher gehen. Wobei – an einem Donnerstag: Wenn ich nicht diese Woche noch vorbeikommen kann, wird es noch teurer.»

V: «Sie sprechen die Fristübertretungsgebühr an, ja, das ist leider so.»

B: «Also, das verstehe ich nicht! Kaum bin ich ins Quartier gezogen, werde ich gebüsst. Können Sie mir sagen, wofür ich 40 Franken Busse bezahlen soll?»

V: «Ich sage es Ihnen ganz ehrlich: Als ich hier zu arbeiten anfing, verstand ich auch nicht, dass man erstens nur eine achttägige Anmeldefrist hat und zweitens 40 Franken Fristübertretungsgebühr bezahlen muss, wenn man die verpasst. Aber wenn Sie möchten, erkläre ich Ihnen gerne, warum das so ist – ich habs nämlich inzwischen begriffen.»

B: «Ja, gerne.»

V: «Also: Das Gesetz sieht die Anmeldefrist von acht Tagen vor, die ist gegeben. Das hat damit zu tun, dass man nicht will, dass die Leute schwarz an einem Ort leben. Da viele Zuzüger diese Frist verpassen, musste die Einwohnerkontrolle ein Instrument einführen, um die Leute daran zu erinnern – und das funktioniert leider nur über das Portemonnaie.

40 Franken scheinen im ersten Moment etwas hoch, aber Sie glauben es nicht: Das ist umgerechnet in etwa die Zeit, die eine von uns Angestellten investiert in den ersten Brief, den wir kurz nach dem Umzug rauslassen, und dann in den zweiten Brief mit der Erinnerung. Ich weiss, es ist mühsam – aber so ist es leider.»
B: «Jetzt verstehe ich es ein bisschen besser – aber ich ärgere mich trotzdem.»
V: «Denken Sie, dass Sie es diese Woche noch schaffen vorbeizukommen, am Donnerstagabend zum Beispiel? Dann könnte ich schauen, ob sich bei der Fristerstreckungsgebühr etwas machen liesse.»
B: «Sie meinen, ich müsste dann nicht bezahlen?»
V: «Ich verspreche es Ihnen nicht, aber es gibt da schon einen gewissen Spielraum, wenn jemand so kurz nach der Mahnung kommt. Fragen Sie einfach nach mir, ich habe Dienst am Donnerstagabend. Katja Frühberger ist mein Name.»
B: «Das ist sehr lieb, Frau Frühberger, vielen herzlichen Dank. Ich werde erst so gegen halb sieben da sein können, aber das reicht sicher.»
V: «Auf jeden Fall. Vergessen Sie einfach nicht, die entsprechenden Dokumente mitzunehmen – die Anmeldungseinladung, den Heimatschein, Ihren Pass.»
B: «Mach ich. Besten Dank – und bis Donnerstag. Ade.»
V: «Auf Wiedersehen.»

Das zweite Gespräch ist offenkundig viel besser abgelaufen als das erste. Dafür gibt es verschiedene Gründe: Frau Frühberger von der Einwohnerkontrolle hat sich zunächst einmal persönlich vorgestellt, nicht nur mit ihrem Nach-, sondern auch mit ihrem Vornamen. Das macht sie greifbar: Neuzuzügerin Meierhans hat das Gefühl, sie spreche mit einem Menschen, nicht mit einem Amt. Dann hat Katja Frühberger bereits in der Begrüssung zu verstehen gegeben, dass sie der Anruferin «helfen» möchte, was ihre Bereitschaft zeigt, voll für die Kundin da zu sein.
Mit dem Lachen in einer frühen Phase des Gesprächs sorgt Frau Frühberger für Entspannung und deutet an, dass es sich beim Anliegen von Frau Meierhans nicht um ein Problem von grosser Tragweite handelt – was Frau Meierhans den Zugang zu Frau Frühberger und damit zum Einwohneramt massiv erleichtert.
Im weiteren Verlauf signalisiert Frau Frühberger Verständnis für die Situation von Frau Meierhans («Sie sind nicht die Einzige, das kommt immer wieder vor») und nimmt ihr damit auch das Gefühl, etwas «Schlimmes» getan zu haben. Grosses Einfühlungs-

VON DER QUAL, IN DER WARTESCHLAUFE ZU HÄNGEN

Empathie ist der Schlüssel zu manch gutem Gespräch – das steht an mehreren Stellen in diesem Buch. Wenn Sie in einer Institution arbeiten, bei der die Anruferinnen und Anrufer durch eine Warteschlaufe müssen, bevor sie zu Ihnen vordringen, sollten Sie sich immer mal wieder in diese Menschen hineinversetzen. Vielleicht hat man sie minutenlang mit billiger Warenhausmusik im Ohr warten lassen – und sind, wenn sie endlich mit Ihnen verbunden werden, nicht mehr ganz so fröhlich wie zuvor. Ähnlich dürfte es jenen Menschen gehen, die auf einem Amt immer und immer wieder weiterverbunden werden. Eine Geschichte zum x-ten Mal erzählen zu müssen und dabei das Gefühl zu haben, immer noch nicht mit der richtigen Person zu reden, kann ganz schön zermürbend sein.

Gut möglich also, dass Ihre Kundinnen und Kunden bereits leicht ärgerlich oder auch schon völlig entnervt sind, wenn sie Sie endlich am Draht haben. Versuchen Sie, Verständnis dafür aufzubringen und dies auch zu zeigen – zum Beispiel, indem Sie sagen: «Oje, Sie wurden jetzt sicher gerade zum x-ten Mal verbunden, das tut mir sehr leid. Ich kann mir vorstellen, wie mühsam das ist!» Damit nehmen Sie dem Ärger Ihrer Kundinnen und Kunden die Spitze und legen den Grundstein für ein gutes Gespräch.

vermögen zeigt sie, indem sie erzählt, dass sie die kurze Frist und die Gebühr zu Beginn ihrer Tätigkeit auch nicht verstanden habe – damit begibt sie sich auf Augenhöhe mit Frau Meierhans und spricht nicht «von oben herab» zu ihr.

Den besten Schachzug macht Frau Frühberger, indem sie der Kundin verspricht abzuklären, ob sie ihr die Fristübertretungsgebühr möglicherweise erlassen kann. Damit fasst Frau Meierhans endgültig Vertrauen zu ihr und würde wahrscheinlich sogar die 40 Franken anstandslos zahlen, sollte Frau Frühberger sie trotzdem kassieren müssen.

Sie sehen: Es sind keine grossen Redekünste, die Frau Frühberger im zweiten Gespräch anwendet – die Wirkung aber, die sie mit ein paar einfachen Kniffen entfaltet, ist gross.

Das Gespräch in die richtige Richtung lenken

Um sich in eine andere Person hineinzuversetzen, stellen Sie sich am besten, wie oben gezeigt, ihre Situation vor: Vielleicht weiss sie von Ihrem Fachgebiet wenig bis nichts, vielleicht musste sie ihre Geschichte bereits viermal erzählen und wurde immer weiterverbunden, vielleicht sind ihr die gesetzlichen Bestimmungen nicht bekannt, weil sie sich noch nie damit auseinandersetzen musste.

Versuchen Sie durch eine gezielte Fragestellung herauszufinden, warum Ihr Gegenüber verstimmt sein könnte.

Nicht immer liegen die Gründe für eine Verstimmung oder eine leicht gereizte bis aggressive Stimmung Ihnen oder Ihrer Institution gegenüber auf der Hand. In diesem Fall lenken Sie das Gespräch mit Vorteil so, dass Sie in möglichst kurzer Zeit möglichst viel erfahren. So können Sie sich ein Bild von der Situation oder der Persönlichkeit des Gegenübers machen, was es Ihnen ermöglicht, schnell ein gutes Vertrauensverhältnis aufzubauen.

Mit der geeigneten Technik zu den erforderlichen Informationen

Um sich in eine Person einfühlen zu können, müssen Sie sie im eigentlichen Wortsinn interviewen. Setzen Sie dazu verschiedene Fragetechniken ein, wie sie auch im Journalismus angewendet werden.

Offene Fragen: Wenn eine Person eher gehemmt und zurückhaltend ist, stellen Sie ihr am besten offene Fragen, so kann sie sich ausbreiten. Offene Fragen werden zum Beispiel durch die Wörter «warum», «wie», «was» eingeleitet: «Warum haben Sie das gemacht?», «Wie haben Sie das gemacht?», «Was haben Sie genau gemacht?» Das ermöglicht es Ihrem Gegenüber, sich frei und ungehindert auszudrücken – und gibt Ihnen gleichzeitig die Möglichkeit, sich ein Bild von der Ausdrucksfähigkeit und damit auch der Persönlichkeit Ihres Gegenübers zu machen.

Paraphrasieren, geschlossene Fragen: Lange, umständliche Ausführungen Ihrer Gesprächspartnerin fassen Sie am besten noch einmal mit eigenen Worten zusammen, bevor Sie die nächste Frage stellen. In der Fachsprache wird diese Technik Paraphrasieren genannt (sie gehört zur Methode des Spiegelns, mehr dazu weiter unten). Damit signalisieren Sie Ihrem Gegenüber einerseits, dass Sie aufmerksam zuhören – und können andererseits das Gespräch in die gewünschte Richtung lenken, indem Sie nach der Zusammenfassung mit einer geschlossenen Frage abschliessen: «Sie haben also zuerst dies, danach das probiert, und Sie sind heute der Überzeugung, dass Ihnen weder das eine noch das andere genützt hat?» – «Ja, genau, so ist es.» – «Und

VORSICHT! KEINE KILLERPHRASEN

Wie wir beim misslungenen Gesprächsbeispiel von Frau Frühberger und Frau Meierhans in diesem Kapitel gesehen haben, reicht oft ein einziger falscher Satz, um in den Augen der Gesprächspartnerin arrogant zu wirken oder ihr das Gefühl zu geben, unverstanden zu sein. Solche Sätze - sogenannte «Killerphrasen» - sind zum Beispiel:

> «Tut mir leid, das ist halt so.»
> «Das Gesetz sieht es so vor.»
> «Daran kann ich nichts ändern.»
> «Das hätten Sie selber herausfinden können, wenn Sie ... gelesen hätten.»
> «Ich kann ja nicht für Sie denken.»
> «Wenn Sie sich informieren würden, wüssten Sie das.»
> «Ich weiss nicht, wovon Sie reden.»

Verzichten Sie auf solche Sätze - sie erlauben keinen konstruktiven Fortgang des Gesprächs und können es sogar abrupt enden lassen. Wenn Sie merken, dass Sie mit Ihrer Geduld am Ende sind, vereinbaren Sie besser, das Gespräch zu einem späteren Zeitpunkt wieder aufzunehmen.

deshalb gelangen Sie jetzt an uns, weil Sie denken, dass wir Ihnen helfen können?» - «Ja.» Mit solchen Formulierungen zeigen Sie Ihrem Gesprächspartner, dass Sie seine Situation voll und ganz verstanden haben. Und: Indem Sie mit eigenen Worten zusammenfassen, was Ihr Gegenüber soeben gesagt hat, verzichten Sie auf eine Wertung seiner Aussagen, und das ist für eine vertrauensvolle Beziehung von grosser Wichtigkeit.

Step down, Step up: Wenn Ihnen die Ausführungen Ihrer Gesprächspartnerin zu abstrakt, zu allgemein oder zu wenig verständlich sind, bringen Sie sie durch die Fragetechnik des Step down auf eine konkrete Ebene (Step down = einen «Schritt hinunter» machen; mehr zu dieser Technik auf Seite 68). Fragen Sie nach Beispielen, Ereignissen oder Begebenheiten - das macht lange, umständliche Ausführungen schnell verständlich und nachvollziehbar.

Zählt jemand dagegen ein Beispiel ums andere auf, ohne je zu sagen, was daraus folgt, machen Sie einen «Schritt hinauf», einen Step up: Fragen Sie, was die Person mit ihren Beispielen denn jetzt sagen beziehungsweise erreichen möchte - so signalisieren Sie Aufmerksamkeit und den Willen, die Person zu unterstützen. Gleichzeitig lenken Sie das Gespräch in die gewünschte Richtung.

Spiegeln: Um Ihrem Gesprächspartner zu zeigen, dass Sie ihn verstehen, können Sie seine Aussagen gewissermassen «spiegeln». Dass Sie ihm aufmerksam zuhören, spürt er zum Beispiel, wenn Sie wörtlich wiederholen, was er gesagt hat. Das heisst nicht, dass Sie seine ganze Ausführung Wort für Wort wiederholen müssen, es reicht, wenn Sie einzelne Schlüsselwörter, die er verwendet hat, in Ihrer Zusammenfassung wiederverwenden.

Sehr wirkungsvoll ist auch, wenn Sie das, was im Gespräch gefühlsmässig bei Ihnen ankommt, in Worte fassen («verbalisieren»). Diese Technik ist vor allem bei emotionalen Schilderungen gut anwendbar. Wenn Sie also feststellen, dass Ihr Gesprächspartner sehr emotional ist, versuchen Sie zunächst einmal, seine Gefühlslage in Worte zu fassen. Das zeigt ihm, dass Sie ihn verstehen. Ruft Sie zum Beispiel eine aufgebrachte Bürgerin an und erzählt, was sie soeben mit ihrem Vermieter erlebt hat, reicht es, wenn Sie am Schluss Ihrer einleitenden Ausführungen sagen: «Sie regen sich also ziemlich auf über das Vorgehen Ihres Vermieters.» Damit zeigen Sie, dass Sie sich in ihre Lage hineinversetzen

VOM UMGANG MIT MÜHSAMEN KUNDEN

Mit Ihrem Einfühlungsvermögen und der richtigen Technik lassen sich die meisten Gespräche in eine gute Richtung steuern. Natürlich gibt es aber auch Diskussionen, die Sie nicht ausreichend beeinflussen können, weil Sie es mit einem wirklich mühsamen Kunden zu tun haben, der überhaupt nicht gesprächsbereit ist.

Was tun? Treten Sie in diesen Fällen relativ knapp und bestimmt auf, bleiben Sie sachlich und bringen Sie das Gespräch möglichst schnell zu einem Ende. Sie müssen sich weder provozieren noch angreifen lassen. Sollte Ihnen das geschehen, lohnt es sich nicht, zu argumentieren oder sich zu verteidigen. Wahren Sie eine professionelle Distanz und wickeln Sie das Gespräch schnell und lösungsorientiert ab.

können. (Mehr zur Technik des «Spiegelns» siehe Seite 61.)

Auf abstrakte Verwaltungssprache verzichten

In der Verwaltungssprache wimmelt es von abstrakten Begriffen. Sie sind daran zu erkennen, dass sich ihre Bedeutung nie bildlich, zum Beispiel zeichnerisch, darstellen lässt. Einen weiteren Hinweis darauf, dass ein Substantiv (Hauptwort) abstrakt ist, gibt die Endung -ung: «Einstellungsverfügung» ist zum Beispiel ein solches Wort. Es gibt aber auch andere abstrakte Wörter wie zum Beispiel «Fristerstreckungsgesuch».

Vermeiden Sie abstrakte Begriffe und Fachausdrücke oder «übersetzen» Sie diese in ihre konkrete Bedeutung.

Solche Begriffe, so selbstverständlich sie für Sie in Ihrer täglichen Arbeit sein mögen, sind für Gespräche mit Ihren Kundinnen und Kunden völlig ungeeignet. Denn wenn diese sich unter einem Wort nichts Konkretes, Bildhaftes vorstellen können, werden sie nicht in der Lage sein, es aufzunehmen und zu verstehen. Das schafft Distanz zwischen Ihren Kunden und Ihnen. Und damit steht das Vertrauen auf dem Spiel, das für ein erfolgreiches Gespräch notwendig ist. Erklären Sie Ihren Kundinnen und Kunden deshalb abstrakte Wörter aus der Verwaltungssprache, wenn Sie nicht darauf verzichten können. Oder illustrieren Sie sie anhand eines Beispiels. Meist hilft es nur schon, diese Wörter statt als Hauptwort als Tätigkeitswort, als Verb, auszudrücken.

Ein Beispiel: Ein Firmeninhaber, dem Geld geschuldet wird, möchte diese Forderung an seinen Geschäftsnachfolger abtreten. Der Betreibungsbeamte einer Gemeinde zitiert aus der «Verordnung betreffend die Eintragung der Eigentumsvorbehalte» die folgende Passage: «Eine Abtretung der Forderung ist auf Gesuch des Veräusserers oder des Zessionars bei oder nach der Eintragung des Eigentumsvorbehaltes im Register zu vermerken.» Das ist für seinen Kunden unverständlich. Zunächst müsste der Beamte erklären, was ein Veräusserer ist – nämlich jemand, der etwas gegen Geld oder eine andere Gegenleistung an eine andere Person abgibt. Der Zessionar dagegen ist derjenige, an den die Forderung abgetreten wird, mit anderen Worten also der neue Gläubiger. Deutsch und deutlich würde der oben zitierte Satz also heissen: «Wenn Sie, Firmeninhaber X, Ihre Forderung an Herrn Y abtreten, dann ist er der neue Gläubiger. Wenn Sie möchten, werde ich das im Eigentumsvorbehaltsregister eintragen.»

CHECKLISTE: DAS ERFOLGREICHE KUNDENGESPRÄCH IM ÖFFENTLICHEN DIENST

- ☐ Versuchen Sie sich in die Situation der Kundin hineinzuversetzen, vielleicht hat sie ein – für viele Menschen typisches – Ohnmachtsgefühl dem Staat gegenüber und fühlt sich von vornherein am kürzeren Hebel.
- ☐ Zeigen Sie Verständnis für kleine Unachtsamkeiten: Wer den Umgang mit Behörden nicht gewöhnt ist, vergisst schnell einmal eine Formalität.
- ☐ Hören Sie im Gespräch mit der Kundin aufmerksam zu, versuchen Sie herauszuhören, wo das wirkliche Problem liegt.
- ☐ Sprechen Sie keine Verwaltungssprache, sondern verwenden Sie im Gespräch mit der Kundin eine einfache Alltagssprache.
- ☐ Vermeiden Sie Killerphrasen, sie erschweren einen konstruktiven Gesprächsverlauf.
- ☐ Suchen Sie gemeinsam nach möglichst einfachen und praktischen Lösungen, die innerhalb Ihres Ermessensspielraumes liegen.

10 Gespräche im Gesundheitsbereich

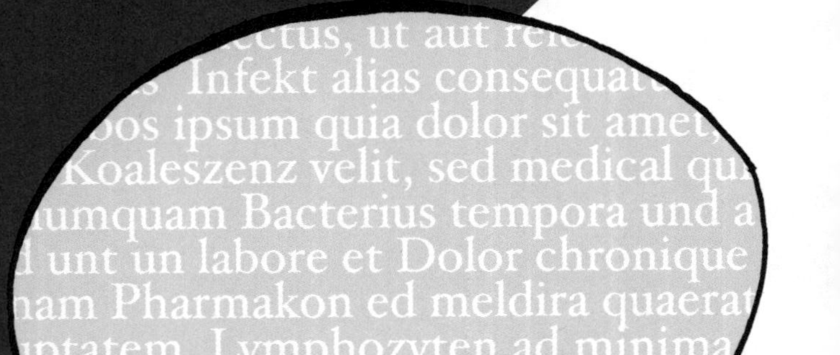

Gesundheit ist das höchste Gut: Ihnen als Ärztin oder Pflegefachfrau vertrauen sich Patienten und Patientinnen in der Hoffnung auf Heilung an. Das stellt an Ihre Gesprächsführung besondere Ansprüche.

10.1 Vertrauen hilft heilen

Als Arzt oder Ärztin, als Praxisassistentin und Pflegefachfrau sind Sie auf den verschiedensten Ebenen gefordert, müssen schnell und wirksam arbeiten. Ausserdem sollten Sie immer ein offenes Ohr für Ihre Patientinnen und Patienten haben. Das ist anspruchsvoll – aber durchaus zu bewältigen.

Als Arzt oder Ärztin sehen Sie jeden Tag viel menschliches Leid, müssen blitzschnell entscheiden, ob Sie es mit einem Wehwehchen oder einer ernsten Krankheit zu tun haben, müssen die richtige Diagnose stellen und die wirksamste Behandlung empfehlen – und sollten sich auch noch genügend Zeit für ein Gespräch nehmen, denn immerhin vertrauen sich Ihre Patientinnen und Patienten Ihnen in der Hoffnung auf Heilung an.

Als Praxisassistentin haben Sie ebenfalls eine wichtige Funktion: Sie können dem Patienten, der Patientin die Nervosität vor dem Arztbesuch nehmen. Viele Patientinnen und Patienten fürchten sich auch vor der Blutentnahme – entweder wegen der Spritze oder aus Angst vor dem Resultat. Mit ein paar freundlichen Worten zerstreuen Sie diese Bedenken.

Als Pflegefachfrau und Pflegefachmann spüren Sie den Kostendruck im Gesundheitswesen besonders stark: Es bleibt Ihnen immer weniger Zeit, sich neben Ihrer eigentlichen Arbeit auch um das Wohlbefinden der Kranken zu kümmern – Gespräche zu führen und sich Zeit zu nehmen für die

Die vielfältigen Ansprüche, die an Sie gestellt werden, machen die Kommunikation in Ihren Berufen besonders anspruchsvoll. Mit dem nötigen Einfühlungsvermögen und der Kenntnis von ein paar hilfreichen Gesprächstechniken werden Ihnen aber auch unter schwierigen Bedingungen erfolgreiche, von Vertrauen geprägte Gespräche gelingen.

Patientinnen ist im rationalisierten Gesundheitswesen als Teil des Heilungsprozesses nicht vorgesehen.

Effizient dank optimaler Kommunikation

Von ein paar seltenen Ausnahmen abgesehen geht wohl niemand grundlos zum Arzt. Entweder der Patient kann benennen, was ihm fehlt (er hat Fieber, Husten, Kopfweh), oder er weiss es nicht genau (komisches Gefühl in der Magengegend, Ziehen in der Brust). So oder so erwartet er von Ihnen Hilfe, und er ist Ihnen dankbar, wenn Sie ihn ernst nehmen.
Manchmal bleibt bei den Patientinnen und Patienten nach dem Arztbesuch trotz Ihrer Bemühungen allerdings ein anderes Gefühl zurück. «Der hat mir ja gar nicht richtig zugehört, wie will denn der jetzt wissen, was mir fehlt», ist eine vielgehörte Äusserung. Auch wenn Sie überzeugt sind, dass Sie Ihre Patienten immer ernst nehmen und zielsicher die richtige Diagnose stellen, kann der Patient, die Patientin es ganz anders erleben. Wie können Sie dem entgegenwirken? Hier die wichtigsten Tipps.

Echtes Interesse zeigen

Wenn der Patient das Gefühl bekommt, dass Sie sich wirklich für ihn interessieren, werden Sie mit ihm ein vertrauensvolles Gespräch führen können. Das ist entscheidend, denn dann ist Ihr Patient zufrieden, Sie können konzentriert arbeiten und kommen rascher zu einem Ergebnis. Oft sind es viele kleine Details, die über den Erfolg eines Gesprächs entscheiden:

> **Bereit sein.** Seien Sie, wenn der nächste Patient zu Ihnen kommt, wirklich bereit für das Gespräch. Es macht keinen guten Eindruck, wenn Sie zu Beginn einer Konsultation noch damit beschäftigt sind, die Akten des letzten Patienten zu ordnen oder mit Notizen zu versehen. Oder wenn Sie am Computer noch etwas eingeben und den neuen Patienten auffordern, «doch schon mal zu erzählen». Wenn ein Patient zu Ihnen kommt, schenken Sie ihm Ihre volle Aufmerksamkeit.

> **Auf die Körpersprache achten.** Wenn Sie Ihren Patienten persönlich im Wartezimmer abholen, gehen Sie mit einem freundlichen Gesicht und einer offenen Körperhaltung auf ihn zu, so fühlt er sich willkommen. Blickkontakt, ein fester Händedruck und eine einladende Geste Richtung Sprechzimmer tragen den Rest zu einem guten Start der Begegnung bei.

> **Vorbereitet sein.** Begrüssen Sie die Patientin mit Namen, zeigen Sie ihr, dass Sie wissen, mit wem Sie es zu tun haben. Dazu gehört auch, dass Sie vorher ihre Akte kurz angeschaut

haben und informiert sind, weshalb sie kommt.

- **Unverstellter Kontakt.** Steht direkt zwischen Ihnen und dem Patienten ein Computer, ist das ungünstig. Ein aufgeklappter Laptop, der einen ungestörten Blick des Patienten zu Ihnen verhindert, wirkt wie eine Mauer. Der Computer sollte am Rand Ihres Tisches stehen, am besten schräg, so dass Sie auch mit dem Patienten im Gespräch bleiben können, wenn Sie am Schreiben sind. Nehmen Sie zwischendurch immer wieder Blickkontakt auf mit Ihrem Gegenüber. Selbstverständlich sitzt Ihnen der Patient zu Beginn gegenüber und begegnet Ihnen auf Augenhöhe, befindet sich also nicht schon beim Abklärungsgespräch auf der Liege und muss förmlich zu Ihnen hinaufschauen.
- **Sich Zeit nehmen.** Auch wenn Sie sie nicht haben: Nehmen Sie sich Zeit. Was wie ein Widerspruch klingt, ist keiner. Denn ob Ihre Patientin den Eindruck bekommt, dass Sie sich für sie Zeit nehmen, hängt vor allem davon ab, was Sie aus den zur Verfügung stehenden Minuten machen. Wenn Sie das Gespräch aufmerksam lenken, wenn Sie gut zuhören und das der Patientin auch immer wieder signalisieren (zum Beispiel mit der Technik des Spiegelns, Seite 61), wird sie sich ernst genommen fühlen, und Sie können das Gespräch effizient abwickeln.
- **Raum für Fragen geben.** Bieten Sie dem Patienten zum Abschluss die Möglichkeit, Fragen zu stellen. Vielleicht hat er Sie nicht verstanden oder nicht begriffen, was für Folgen die Diagnose konkret hat. Vielleicht ging alles etwas schnell, oder er war wegen seiner starken Emotionalität nicht fähig, alles aufzunehmen. Wenn Sie ihm die Gelegenheit geben, seine Fragen zu stellen, und auch einen Moment Geduld haben, bis er sie formuliert hat, zeigen Sie ihm, dass er sich Ihnen mit all seinen Unsicherheiten öffnen darf.

Um diese Punkte zu veranschaulichen, hier zwei Gesprächssituationen, wie sie sich bei einer Begegnung zwischen dem Arzt Konrad Huber (A) und seiner Patientin Arlette Spieler (P) zutragen könnten – eine weniger gelungene und eine gelungene.

Patientengespräch – Situation 1

P ***(kommt selbständig ins Sprechzimmer, nachdem der Arzt «Der Nächste, bitte!» ins Wartezimmer gerufen hat)*****: «Guten Morgen, Herr Doktor.»**

A: «Guten Morgen. Einen Augenblick, ich bin gleich bei Ihnen.» ***(Er steht auf, geht***

ins Nebenzimmer, wo sich die Praxisassistentin befindet, und spricht mit dieser. Dann kommt er wieder zurück.)
«So, jetzt bin ich da. Frau ...?»

P: «Spieler, Arlette Spieler. Ich wurde von meinem Hausarzt an Sie überwiesen.»

A: «Ah, ja, einen Moment bitte. Ich muss da zuerst ein bisschen Ordnung in die Akten bringen, ich komme heute zu gar nichts. Aber erzählen Sie doch schon mal, was Sie zu mir führt.»

P: «Ja, eben, mein Hausarzt hat mich überwiesen.»

A: «Das sagten Sie, ja. Und warum?»

P: «Weil ich es auf den Ohren habe, schon länger jetzt. Er meinte zuerst, es sei eine Mittelohrentzündung, aber nachdem der Druck nicht nachgelassen hatte, meinte er, es sei besser, zu einem Spezialisten zu gehen.»

A: «Ah, jetzt habe ich die Unterlagen. Von Doktor Aufdermauer kommen Sie, lustig. Wie geht es ihm? Ich habe ihn schon lange nicht mehr gesehen.»

P: «Ich glaube, gut, aber es ist jetzt auch schon ein paar Tage her, seit ich ihn gesehen habe. Ich war Ende letzter Woche bei ihm.»

A: «Gut. Und was hat er bis jetzt gemacht?»

P: «Er hat mich wegen dieser Mittelohrentzündung behandelt.»

A: «Aber das war ja nicht das Problem.»

P: «Ja, eben.»

A: «Dann schauen wir mal. Haben Sie diesen Schmerz immer noch?»

P: «Es ist kein Schmerz, es ist mehr ein Druck.»

A: «Wo?»

P: «In den Ohren.»

Sie haben es sicher gemerkt: Es ist bereits viel wertvolle Zeit verstrichen, ohne dass zwischen dem Arzt und der Patientin eine Beziehung entstehen konnte. Auch ist das eigentliche Problem, dessentwegen Frau Spieler Herrn Huber aufgesucht hat, noch gar nicht angesprochen worden. Das zeigt, dass ein gutes Gespräch keine Frage der Zeit ist, sondern vielmehr eine der Vorbereitung, des Interesses und der Gesprächsführung. Das Gespräch könnte nämlich auch so verlaufen:

Patientengespräch – Situation 1

A ***(tritt ins Wartezimmer)*****:** «Frau Spieler, bitte.»

P: «Guten Morgen, Herr Doktor.»

A: «Konrad Huber, guten Morgen, Frau Spieler. Bitte kommen Sie mit.»

(Sie gehen gemeinsam ins Sprechzimmer.)

A: «Mein Kollege Aufdermauer hat Sie geschickt, wegen dieser Mittelohrentzündung, die nicht weggehen will.»

P: «Ja, genauso ist es. Langsam wird es ein bisschen mühsam.»

A: «Das verstehe ich sehr gut. Wie lange geht denn die ganze Geschichte schon?»

P: «Angefangen hat es kurz nach Ostern, mein Mann und ich waren noch einmal Ski fahren. Vielleicht war ich etwas übermütig, ich fuhr den ganzen Tag ohne Kappe. Am nächsten Morgen erwachte ich dann mit einem stechenden Schmerz in den Ohren.»

A: «Das klingt nicht gut. Und dann gingen Sie zum Hausarzt, zu Herrn Aufdermauer, der Sie mit Antibiotika behandelte?»

P: «Ja, und er sagte, ich solle noch einmal vorbeikommen, wenn es in zehn Tagen nicht besser sei. Das habe ich dann auch gemacht, worauf er mich an Sie überwiesen hat.»

A: «Sie sagen, es sei noch nicht besser. Was spüren Sie denn heute?»

P: «Einen starken Druck, vor allem auf dem linken Ohr.»

Es ist eindeutig: Dieses Gespräch verläuft viel besser – und das ohne grossen Mehraufwand. Denn der Arzt macht alles richtig: Er holt seine Patientin persönlich ab, begrüsst sie mit ihrem Namen und stellt sich selber vor (und zwar nicht als «Doktor Huber», sondern als «Konrad Huber»). Im Sprechzimmer wird deutlich, dass er bereit ist für das Gespräch und sich auch darauf vorbereitet hat – so signalisiert er der Patientin, dass er sich für sie interessiert. Auch führt er das Gespräch empathisch («Das verstehe ich sehr gut») und mit gezielten Fragen («Dann gingen Sie zu Herrn Aufdermauer, der Sie mit Antibiotika behandelte?»), um möglichst schnell zu einem Resultat zu kommen. Immer wieder wendet er die Technik des Spiegelns an («Sie sagen, es sei noch nicht besser»; wörtliche Wiederholung), was der Patientin zeigt, dass er ihr aufmerksam zuhört.

Mit der nötigen (kurzen) Vorbereitung, etwas Einfühlungsvermögen und einer geschickten Gesprächsführung holt der Arzt in diesem Gespräch in kurzer Zeit das Optimum heraus und schafft es erst noch, das Vertrauen seiner Patientin zu gewinnen.

Die Dinge beim Namen nennen

Es steht ganz zu Beginn dieses Buches: Wir vertrauen Menschen, von denen wir das Gefühl haben, dass sie ehrlich sind und unsere Bedürfnisse ernst nehmen. Damit ein Mensch ehrlich wirkt, braucht es eine direkte und transparente Kommunikation. Wenn der Patient das Sprechzimmer verlässt, muss er wissen und verstanden haben, was ihm fehlt - ob das nun eine harmlose Störung oder eine ernste Krankheit ist. Er muss überzeugt sein, auf alle seine Fragen eine Antwort bekommen zu haben und über seinen Gesundheitszustand vollständig informiert worden zu sein.

Wer das Gefühl hat, ein Arzt sage nicht die Wahrheit, wird misstrauisch. Das heisst: Wenn Sie als Arzt oder Ärztin etwas feststellen, was ein bisschen komplizierter zu kommunizieren ist - stellen Sie sich dieser Herausforderung. Es gibt für eine Patientin nichts Schlimmeres als das Gefühl, im Ungewissen gelassen zu werden.

Nennen Sie deshalb die Dinge beim Namen: Drücken Sie sich klar und unmissverständlich aus und fragen Sie nach, ob der Patient auch alles verstanden hat. Versuchen Sie nicht, über schwierige Themen möglichst «elegant» und schnell hinwegzugehen und so einem Gespräch auszuweichen. Räumen Sie genügend Zeit ein, um alle Fragen seitens des Patienten zu klären.

Das gilt besonders auch für schwierige Diagnosen. Es ist wichtig, dass der Patient von Ihnen in aller Klarheit erfährt, wie Ihr Befund lautet und was dieser für ihn bedeutet. Sie tun damit ihm - und auch sich - den grösseren Gefallen, als wenn Sie unklar bleiben. Sagen Sie also zum Beispiel: «Es tut mir leid, Ihnen keinen besseren Bescheid geben zu können. Aber nach eingehender Analyse aller Untersuchungsergebnisse muss ich Ihnen mitteilen, dass Sie Multiple Sklerose haben. Diese Krankheit ist leider noch nicht heilbar, aber sie lässt sich mit Medikamenten ein Stück weit behandeln. Lassen Sie mich erklären, mit welchen Einschränkungen Sie künftig rechnen müssen ...»

Ehrlich, direkt und transparent zu sein heisst nicht, unfreundlich oder gar brüsk zu sein - im Gegenteil: Es bedeutet, das Gegenüber ernst zu nehmen. Um den Patienten nicht vor den Kopf zu stossen oder mehr als nötig mit einer schlimmen Nachricht zu schockieren, kann es wertvoll sein, einen einleitenden Satz zu sagen wie: «Ich muss Ihnen jetzt leider etwas sagen, das Sie erschrecken wird ...»

Seien Sie auch bei einer schwierigen Diagnose direkt und ehrlich, das verhindert Missverständnisse und falsche Hoffnungen.

Kein Arztlatein

Die direkteste und transparenteste Kommunikation nützt nichts, wenn der Patient Sie nicht versteht. Der Schlüssel für die Verständlichkeit liegt in der Sprache: Reden Sie mit Ihren Patientinnen und Patienten in einer einfachen und klaren Sprache. Verwenden Sie möglichst keine medizinischen

Fachbegriffe und Fremdwörter. Falls Sie nicht darum herumkommen, erklären Sie sie sogleich oder illustrieren Sie sie an einem konkreten, für den Patienten verständlichen Beispiel. Ein solches finden Sie im Übersichtsteil auf Seite 39.

Ihre Patienten sind keine Gesundheitsspezialisten, Sie dürfen nur wenig Fachwissen voraussetzen. Sprechen Sie zum Beispiel nicht von einer «elektiven Operation», sondern von einer «Wahloperation». Sagen Sie nicht «Rektalmessung», sondern «Fieber messen im After». Verzichten Sie auch auf den Ausdruck «Vermeidung eines initialen Temperaturabfalls» - der Patient versteht Sie nur, wenn Sie sagen: «Wir müssen verhindern, dass Ihre Körpertemperatur zu Beginn der Operation abfällt.» Ich bin überzeugt, Sie finden ganz viele solcher Ausdrücke aus Ihrem Fachbereich.

Berufstypische Sprache in Anwesenheit eines Patienten vermeiden

Vermeiden Sie unbedingt auch die für Ihren Beruf typische, für Aussenstehende aber oft zynisch klingende Sprache. Denken Sie daran: Im Zusammenhang mit Ihren Patienten haben Sie es immer mit Menschen, nicht mit «Fällen», «Organen» oder «Verletzungen» zu tun. Ein Beispiel aus der Praxis: «Schwester, ist die Lunge in Saal 3 bereit?» klingt für den Patienten, der sich noch vor Ihnen auf der Liege befindet, kalt und zynisch. «Was bin ich dann», fragt er sich möglicherweise, «‹die Speiseröhre›?»

Erkennen, was dahintersteckt

Sie wissen das aus Erfahrung: Sehr oft kommen die Patienten vordergründig wegen einer körperlichen Beschwerde zu Ihnen, in Wahrheit aber liegt das Problem an einem ganz anderen Ort. Den wirklichen Grund für einen Arztbesuch zu benennen fällt vielen Menschen schwer - nicht weil sie ihn verschweigen möchten, sondern weil er ihnen selbst nicht immer klar ist.

Versuchen Sie für den Patienten zu formulieren, wo sein Problem liegt - er kann oder will es oft nicht selber auf den Punkt bringen.

Von Ihnen als Ärztin oder Arzt erwarten die Patienten, dass Sie die wahre Ursache nicht nur erkennen, sondern auch behandeln können. Sie vertrauen darauf, dass Sie herausfinden, wo der Schuh drückt - egal, wie unbeholfen sie sich auch ausdrücken.

Damit Ihnen das gelingt, müssen Sie sehr aufmerksam zuhören - mit allen «vier Oh-

ren» (mehr Informationen zu diesem Kommunikationsmodell finden Sie auf Seite 47). So hören Sie heraus, was der Patient auf der reinen Informationsebene sagt, was er über sich erzählt, was er über die Beziehung zwischen ihm und Ihnen sagt und was für einen Appell er an Sie richtet. Versuchen Sie zudem herauszufinden, was der Patient sagt, ohne es ausdrücklich zu sagen - und welches seine Hauptbotschaft ist.
Ein Beispiel: Eine Frau kommt zum Arzt und sagt: «Danke, dass ich so schnell einen Termin bekommen habe, um Ihnen meine Verspannungen zu zeigen, Herr Doktor. Ich bin so froh, dass mir überhaupt mal jemand zuhört.»
Vordergründig kommt die Frau also wegen ihrer Verspannungen, hintergründig könnte ihr Problem auch noch ein ganz anderes sein. Das kann der Arzt herausfinden, indem er die vier Botschaften herauszuhören versucht:

> Auf der Sachebene sagt die Frau: «Ich habe Verspannungen.»
> Auf der Beziehungsebene sagt sie: «Ihnen vertraue ich, Sie können mir helfen.»
> Der Appell, den sie formuliert, heisst: «Helfen Sie mir, ich weiss nicht mehr weiter.»
> Über sich sagt die Frau: «Ich habe niemanden, dem ich mich anvertrauen kann.»

Das alles sagt die Patientin nicht ausdrücklich - ausdrücklich weist sie nur auf ihre Verspannungen hin und darauf, dass sie froh ist, dass ihr «überhaupt mal» jemand zuhört. Der behandelnde Arzt wird jetzt in einer ersten Phase die Verspannungen abklären. Als aufmerksamer Zuhörer ahnt er aber, dass es noch um mehr gehen könnte.

Mit der Methode des Spiegelns nähern Sie sich der «Wahrheit» der Patientin.

Um seine Vermutung zu erhärten, kann er ganz beiläufig einmal den zweiten Satz der Frau wörtlich wiederholen (spiegeln): «Sie sagten, Sie seien froh, dass Ihnen überhaupt mal jemand zuhört. Was heisst das genau? Haben Sie keinen Gesprächspartner?» Damit gibt er seiner Patientin die Gelegenheit, ihre Schwierigkeit darzulegen. Nehmen wir an, dass sie jetzt sagt: «Nein. Das heisst, ich hätte zwar meinen Mann, aber der spricht zurzeit nicht mit mir.»
Mit dieser Aussage ist der Arzt zu einem wesentlichen Anliegen der Patientin vorgestossen, das er nun in seine Behandlungsvorschläge einbeziehen kann. Möglicherweise reicht es, wenn sich die Frau bei ihm aussprechen kann und eine Behandlung für ihre Verspannungen bekommt. Vielleicht braucht es aber auch langfristigere Mass-

nahmen - das wird der Arzt zusammen mit der Patientin herausfinden. Wesentlich ist, dass er die Frau ernst genommen und ihr geholfen hat, die tiefer liegende Schwierigkeit aufs Tapet zu bringen.

Respekt zeigen

Stellen wir uns vor, der Arzt hätte auf die etwas umständliche Schilderung der Patientin erwidert: «Sagen Sie doch, was Ihr Problem ist, dann verlieren wir nicht so viel Zeit» - das Vertrauensverhältnis wäre dahin.

Nicht alle Menschen können ihre Schwierigkeiten klar erkennen und dazu noch formulieren. Oft liegt ein Problem auch nicht auf der Hand, sondern kommt erst durch ein Gespräch an die Oberfläche, während es sich zuvor auf eine andere Art, zum Beispiel durch ein Krankheitssymptom, gezeigt hat.

Nehmen Sie auch die «eingebildeten Kranken» ernst. Oft verschwinden ihre Beschwerden, wenn das Problem dahinter erkannt wird.

Andere Menschen sehen sich möglicherweise schon wegen eines harmlosen Symptoms als sterbenskrank an - auch diese Menschen sollten Sie, selbst wenn das manchmal schwerfällt, ernst nehmen. Ir-

CHECKLISTE: RICHTIG KOMMUNIZIEREN ALS ARZT ODER ÄRZTIN

- ☐ Zeigen Sie Interesse für Ihre Patienten: Seien Sie bereit für das Gespräch, begrüssen Sie einen neuen Patienten mit Namen, studieren Sie die Krankengeschichte vor der Begegnung.
- ☐ Achten Sie darauf, dass das Gespräch effektiv und ungehindert verläuft: Hören Sie dem Patienten aufmerksam zu, fassen Sie seine Aussagen immer wieder zusammen, geben Sie ihm die Möglichkeit, Fragen zu stellen.
- ☐ Drücken Sie sich verständlich aus: Sprechen Sie eine klare, direkte Sprache, verwenden Sie keine Fachausdrücke und keine anderen Fremdwörter - und verzichten Sie auf Wörter aus dem Medizinerjargon, sie klingen oft zynisch.

gendetwas drücken sie mit ihrer Hypochondrie aus, irgendwo sitzt versteckt ein Problem, das zu entdecken sich lohnen könnte: Vielleicht werden die Arztbesuche wegen eines nichtigen Grundes fortan seltener, was auch Ihnen als Arzt entgegenkommen dürfte.

Als Pflegefachfrau Zuwendung geben

Im Spital sind Sie als Pflegefachfrau und Pflegefachmann für die Patientinnen und Patienten oft die wichtigsten Bezugspersonen. Umso wichtiger ist ein Vertrauensverhältnis zu Ihren Patientinnen und Patienten. «Schön wäre es, doch leider haben wir heutzutage die Zeit dazu nicht mehr», sagte mir kürzlich eine befreundete Pflegefachfrau. «Seit im Gesundheitswesen überall gespart und nur mit Fallpauschalen gerechnet wird, liegt dieser Teil unserer Arbeit schlicht nicht mehr drin.» So sehr ich das Problem verstehe, so wenig möchte ich akzeptieren, dass ein Gespräch mit den Patienten heute nicht mehr möglich sein soll. Mein Vorschlag: Führen Sie beim Betreten des Krankenzimmers immer zuerst ein kurzes, vielleicht zweiminütiges Gespräch mit Ihren Patienten, bevor Sie sich der eigentlichen Arbeit zuwenden. Bei diesem Gespräch kann es um ganz Alltägliches gehen, auch darf gelacht und geblödelt werden – der Spitalalltag ist sonst schon ernst genug.

Ein freundliches Gespräch bringt auch Ihnen viel. Denn hat der Patient erst einmal das Vertrauen zu Ihnen gefunden, wird er viel kooperativer sein: Eine Blutentnahme, eine Wundversorgung und selbst das Wechseln der Bettwäsche gehen leichter und schneller, wenn Sie und der Patient ein gelöstes, fröhliches Verhältnis miteinander haben.

Ist jemand schwer krank oder beispielsweise durch einen Unfall traumatisiert, ist Ihre Zuwendung besonders wichtig. Wie Sie als Pflegefachperson in solchen Fällen gute Gespräche führen, steht im Kapitel 5, «Reden in schwierigen Situationen» (Seite 104).

Praxisassistentin auf Augenhöhe

Nehmen Sie sich auch als Praxisassistentin zu Beginn eines Patientenkontakts kurz Zeit, den Menschen zu «erfassen» – signalisieren Sie in einem kurzen Einführungsgespräch Ihr Interesse und nehmen Sie ihn in seinen Ängsten, Unsicherheiten oder in seiner Nervosität ernst.
Bevor Sie Blut entnehmen, eine Röntgenaufnahme machen oder den Blutdruck messen, begegnen Sie der Patientin für einen

Moment noch ohne Instrumente. Fragen Sie sie nach ihrer Befindlichkeit, denn es gibt viele Menschen, die sich vor so etwas Alltäglichem wie einer Blutprobe fürchten. Nicht nur wegen des kurzen Stichs, sondern auch, weil sie Angst haben vor dem Resultat («Was kommt wohl heraus beim Bluttest?»).

Führen Sie dieses kurze Gespräch auf Augenhöhe, also bevor sich die Patientin hinlegt oder setzt. Sitzt oder liegt sie erst einmal, stehen Sie im wahrsten Sinn des Wortes «über» ihr, was zusätzlich ein Gefühl des Unterlegen- oder Ausgeliefertseins auslösen kann.

Ihr Einfühlungsvermögen ist von grosser Wichtigkeit, auch wenn der Patient seine Furcht nicht offen thematisiert. Denken Sie einfach daran, dass sie mitschwingen könnte.

CHECKLISTE: RICHTIG KOMMUNIZIEREN ALS PFLEGEFACHPERSON ODER PRAXISASSISTENTIN

- ☐ Nehmen Sie sich, auch wenn Sie unter Druck sind, immer Zeit für ein kurzes Gespräch. Sie sind für die Patienten eine wichtige Bezugsperson.
- ☐ Versuchen Sie im Gespräch die Ängste und Unsicherheiten der Patienten abzufedern.
- ☐ Gerne dürfen Sie mit den Patienten auch einmal lachen – Humor löst.

Nachwort

Jetzt wissen Sie, wie es geht, ein perfektes Gespräch zu führen, liebe Leserin, lieber Leser. Oder sagen wir besser: Sie wüssten es. Denn selbstverständlich werden auch in Zukunft immer wieder Unterhaltungen eine ganz andere Wendung nehmen, als Sie es erwartet hätten. Mir passiert es zum Beispiel trotz aller Kenntnis über die ideale Gesprächsführung immer wieder, dass ich mich nach einem Gespräch ärgere: weil ich nicht auf den Punkt bringen konnte, was ich eigentlich hätte sagen wollen, oder weil mein Gesprächspartner und ich im Unfrieden auseinandergingen. Solche Vorkommnisse sind nicht weiter schlimm und sollten auch für Sie kein Grund sein, sich zu grämen. Im Gegenteil: Aus diesen Situationen lernen wir und machen die gleichen Fehler bei einem nächsten Gespräch – hoffentlich! – nicht mehr. Dafür werden es neue sein …

Deshalb ist der vorliegende Ratgeber mit diesen Zeilen zwar abgeschlossen, aber nicht fertig. Er kann gar nicht fertig sein: zu facettenreich und wandelbar ist die mündliche Kommunikation. Ich werde darum auch in Zukunft meine und die Gespräche meiner Mitmenschen aufmerksam belauschen und den einen oder anderen neuen Aspekt in eine mögliche nächste Auflage dieses Buches einbauen. Und vielleicht fällt auch Ihnen in der Zwischenzeit eine Gesprächssituation ein, die zu reflektieren es sich lohnen würde. Lassen Sie es mich wissen (www.patrickrohr.ch), denn ich bin überzeugt: Gemeinsam meistern wir jedes Gespräch!

Und falls es in der Zwischenzeit einmal so gründlich schiefgehen sollte, dass die Kommunikationsdrähte zwischen Ihnen und Ihrem Gesprächspartner im wahrsten Sinn des Wortes gekappt sind – fassen Sie sich ein Herz, nehmen Sie Kontakt mit ihm auf und starten Sie noch einmal einen Versuch. Denn nach der Lektüre dieses Buches wissen Sie genug, um es vielleicht nicht im ersten, aber sicher im zweiten Anlauf richtig zu machen.

Patrick Rohr,
nach der Fertigstellung dieses Buches

Literatur

Beobachter-Ratgeber

Bräunlich Keller, Irmtraud: Mobbing – was tun? So wehren Sie sich am Arbeitsplatz. Beobachter-Buchverlag, Zürich 2006
Dieses Handbuch zeigt, wie man sich in Mobbing-Situationen erfolgreich zur Wehr setzt, sich richtig verhält und Konfliktgespräche führt. Es zeigt Vorgesetzten und Firmen, wie sie gegen Mobbing vorgehen können.
Zudem erzählen zwei Frauen und zwei Männer, wie sie aus der schwierigen Mobbingsituation herausgefunden haben.

Haas, Esther; Wirz, Toni: Mediation. Konflikte lösen im Dialog. Beobachter-Buchverlag, Zürich 2006
Konflikte in der Familie, auf dem Pausenplatz, mit den Nachbarn, am Arbeitsplatz oder in Projektgruppen? Die Mediation ist eine niederschwellige Methode, um auf aussergerichtlichem Weg und im gemeinsamen Gespräch konstruktive Lösungen auszuhandeln.

Rohr, Patrick: Reden wie ein Profi. Selbstsicher auftreten – im Beruf, privat, in der Öffentlichkeit. 3. Auflage, Beobachter-Buchverlag, Zürich 2009
Dieser Bestseller zeigt, wie man sich mit eigenen Worten und sicherem Gefühl an ein Publikum wendet – in verschiedensten Situationen. Der erfahrene Moderator Patrick Rohr erläutert, wie man eine Rede strukturiert aufbaut und jede Situation souverän meistert. Ein umfassender Ratgeber zu verschiedensten Aspekten der Redekunst – mit praxisnahen Anleitungen, die leicht umzusetzen sind.

Zellweger, Regula: Karriere planen. Rücken Sie Ihre Stärken ins richtige Licht. Beobachter-Buchverlag, Zürich 2007
Der Ratgeber leitet dazu an, sich und die eigenen Bedürfnisse im Beruf besser kennenzulernen und eigene Ziele konsequent zu verfolgen. Konkrete Tipps und praxisnahe Anregungen fehlen ebenso wenig wie Ausführungen zur Kontaktpflege, zu Smalltalk und zum angemessenen Benehmen.

Weitere Buchtipps

Furrer, Werner: Treffend argumentieren. Reden, diskutieren, verhandeln. Info-Public Verlag, Basel 2008
Werner Furrer analysiert systematisch die Prozesse, die in Gesprächssituationen ablaufen. Dieses Buch eignet sich für alle, die mehr Fachwissen zur Rhetorik erwerben möchten.

Grötzebach, Claudia: Gekonnt schlagfertig – nie wieder um eine Antwort verlegen. Unfairen Attacken wirkungsvoll begegnen. Die Kunst der non-aggressiven Schlagfertigkeit. Typische

Reiz-Reaktionsmuster durchschauen. Cornelsen Verlag, Berlin 2008
Wie verschafft man sich in Situationen, in denen man um Worte ringt, Zeit und Luft – und kontert dann souverän? Die in diesem Buch vorgestellten Strategien sind praxisorientiert und leicht umzusetzen.

Schulz von Thun, Friedemann: Miteinander reden. Band 1: Störungen und Klärungen. Allgemeine Psychologie der Kommunikation. Band 2: Stile, Werte und Persönlichkeitsentwicklung. Differentielle Psychologie der Kommunikation. Band 3: Das «innere Team» und situationsgerechte Kommunikation. Rowohlt Taschenbuch Verlag, Reinbek 2008
Die Werke von Friedemann Schulz von Thun sind vielzitierte Klassiker und bieten wegweisende Einsichten in die Grundlagen menschlicher Kommunikation. «Miteinander reden 1» präsentiert unter anderem das auch im vorliegenden Ratgeber beschriebene Modell der vier Münder und vier Ohren. «Miteinander reden 2» entwickelt daraus Einsichten in unterschiedliche persönliche Kommunikationsstile. «Miteinander reden 3» verbindet beide Aspekte im Modell des «inneren Teams», das Sprechen, Handeln und den Aufbau der Persönlichkeit bestimmt.

Simon, Walter: GABALs grosser Methodenkoffer. Grundlagen der Kommunikation. Gabal Verlag, Offenbach 2007
Das Buch gibt einen guten Überblick über verschiedene Ansätze, wie Gespräche erfolgreicher gestaltet werden können. Zahlreiche Situationen, vor allem aus dem Berufsleben, werden mit all ihren Eigenheiten vorgestellt und analysiert.

Steiger, Rudolf: Zuhören – Fragen – Argumentieren. Anregungen für Menschen in Verantwortung. Huber, Frauenfeld 2008
Nicht nur Führungskräfte in der Wirtschaft sind Menschen in Verantwortung, sondern auch Eltern oder Lehrpersonen. Das Buch stellt die verschiedenen Aspekte, die zur erfolgreichen Gesprächsführung beitragen, vor und zeigt, welche Fallen drohen und wie diese umgangen werden können.

Watzlawick, Paul: Anleitung zum Unglücklichsein. Vom Schlechten des Guten oder Hekates Lösungen. Piper Verlag, München 2005
Der Klassiker von Watzlawick ist eine Parodie auf all die Bücher, die eine Anleitung zum Glücklichsein bieten. Die Ausführungen basieren auf psychologischen und kommunikationstheoretischen Erkenntnissen und werden gut verständlich erklärt. Ein Muss für alle, die sich dafür interessieren, wie kommunikative Beziehungsprobleme auch ohne moralische Vorgaben und theoretische Anleitungen gelöst werden können.

GUT BERATEN

REDEN WIE EIN PROFI

Patrick Rohrs Rhetorik-Bestseller. Eine Präsentation vor Arbeitskollegen halten, für eine Vorlage eintreten an der Gemeindeversammlung, einen öffentlichen Auftritt am Vereinsabend meistern – Reden vor Leuten kann das Adrenalin ganz schön ansteigen lassen. Ob Laie oder geübter Redner: Wer gut vorbereitet ist und Praxistipps vom Profi anwendet, wirkt überzeugend und souverän.

256 Seiten, gebunden
ISBN 978 3 85569 398 6

SCHREIBEN LEICHT GEMACHT

Wie formuliere ich einen Vertrag? Worauf muss ich bei einer Einsprache achten? Wann sind E-Mails angebracht und sind sie überhaupt rechtsgültig? Dieses Handbuch bietet viel juristisches Praxiswissen aus dem Beobachter-Beratungsalltag. Es enthält über 200 Brief- und Vertragsvorlagen – auch auf CD-ROM zum unmittelbaren Gebrauch

352 Seiten, inkl. CD-ROM, gebunden
ISBN 978 3 85569 413 6

MEIN RECHT IM ALLTAG

Schluss mit der Angst vor Paragraphen, Richtern und Behörden. Holen Sie sich Ihren Anwalt jetzt zu sich ins Haus! Das grosse Beobachter-Handbuch vermittelt rechtliches Grundwissen für jeden Lebensbereich. Anhand vieler Praxisbeispiele lässt sich der eigene Fall zuverlässig einschätzen. Ein Standardwerk, das in keinem Schweizer Haushalt fehlen sollte.

352 Seiten, gebunden
ISBN 978 3 85569 396 2

Updates, Leseproben und mehr:
Einfach gratis downloaden unter www.beobachter.ch

Beobachter Buchverlag